U0898902

拼搏到无能为力，努力到感动自己

人生，就是一场自己与自己的对抗！

蔡践 编著

CFP 中国电影出版社

图书在版编目（CIP）数据

拼搏到无能为力，努力到感动自己 / 蔡践编著 . --
北京：中国电影出版版社，2016.12（2017.9 重印）

ISBN 978-7-106-04579-1

Ⅰ. ①拼… Ⅱ. ①蔡… Ⅲ. ①成功心理—通俗读物
Ⅳ. ① B848.4-49

中国版本图书馆 CIP 数据核字 (2016) 第 252845 号

责任编辑：纵华跃
封面设计：元明设计
版式设计：范　磊
责任校对：蔡　践
责任印制：庞敬峰

拼搏到无能为力，努力到感动自己
蔡践　编著

出版发行：中国电影出版社（北京北三环东路 22 号）邮编 100013
电话：64296664（总编室）　64216278（发行部）
64296742（读者服务部）
E-mail：cfpygb@126.com
经　　销：新华书店
印　　刷：三河市嵩川印刷有限公司
版　　次：2016 年 12 月第 1 版　2017 年 9 月第 3 次印刷
规　　格：开本 / 880×1230 毫米　1/32
印张 / 8　　字数 / 210 千字

书　　号：ISBN 978-7-106-04579-1 / B. 0103
定　　价：32.80 元

前言 ≫Preface

今天，你努力了吗?

有多少人被眼前的困难吓得连连后退?有多少人躲在安逸的生活里不愿探头?有多少人藏在时光的角落里窥探他人的成功?

来到这个世界上，从出生开始，我们都在与命运做斗争，你会发现，当你越努力时，你就会变得越幸运。要想成功，就不要抱侥幸心理，否则，你会输得一塌糊涂。

所谓的挫折、失败、苦难并不可怕，可怕的就是不敢面对。似水流年里，所有命运给予你的伤痛，终将会成为你人生的垫脚石，是别人无法复制，独属于自己的人生勋章。生活中总有那么一些人，他们没有引以为傲的家庭背景，没有过人的天赋，没有让人惊艳的容颜……或许生活还会给他们更多的磨难，可是，他们却取得了常人无法企及的成就。

他们凭的是什么?

其实，这便是被很多人忽略的“拼搏”与“努力”。

生活从来不会辜负每一个人的努力，在奋斗的道路上，荆棘丛生，被伤害、受委屈都是必然，如果就此放弃，将一事无成。要知道，你的一事无成就是因为不努力。

每个人都渴望成功，都期望可以吃最少的苦，赚取更多的成功。可能吗?命运是公平的，不劳而获的事并不会出现在我们的生活中。

拼搏到无能为力，努力到感动自己。当你付出了绝对的努力，坚持自己的梦想，哪怕周围所有的人都反对你，哪怕全世界都遗弃你，也无法遮挡你的光芒。

曾被一部电视剧里的一段话所感动，“既然我活了下来，就不能白白地活着。”男主人公经历了挫骨换肤之痛，终于活了下来。可是，病痛让原本武艺高强的他变得虚弱不堪，多说几句话都会咳喘不止，可是，他仍凭一己之力平反了多年前的冤案。

生活给予你的苦难是为了成就更好的你，走过了，便是成功，对得起你的苦难，便能磨砺出更加强大、坚定的你。

正如一首歌中所唱的：

如果痛是一种形容
我也会倔强到最终
沉默是最完美的互动
怕什么有我陪你疯
平凡的苦衷说爱说痛都太笼统
被故事选中没资格懵懂
就算没观众自己第一个被感动
我相信到最后一分钟
如果狠是一种从容
我也不肯选择被动
如果有所谓的太贫穷
不过是不敢再做梦
……

努力拼搏吧，拼搏是一个人一生永不停歇的努力，成功不是一蹴而就的，面对生活不断给你制造的麻烦，努力去克服吧！人生就是一场自己与自己的较量，没有人可以帮你，你多一分拼劲，便前进一分。

当拼搏成为一种习惯，努力成为你的助力，那便没有跨不过去的坎儿，你的人生也将没有绝境。人生没有回头路，所以，即便破釜沉舟又如何？大不了从头再来，这样的人生才精彩，才有意义。

目录 >>Contents

十一 每一次困难，都是一枚奖章

十二 不绝望，就会有希望

十三 既要胆大，也要心细

十四 美景，总隐藏在森林深处

十八 努力到了，看似不可能完成的任务也能完成

十九 成功就躲藏在最后一步

二十 破釜沉舟，会让我们走上巅峰

一
每个人心中都有一片海

坚持心中那一份执着

孩提时的我们对外面的世界充满诸多好奇与执着。呆萌的大眼睛时常望着浩瀚的夜空，吸引我们的不仅是闪烁的繁星，还有对梦想的希翼。随着时间的年轮一步步向前转动，现实的烦恼与束缚日益增多，我们期盼的梦想越来越成为遥不可及的梦。尽管如此，却仍有些人坚持着自己的梦想，坚持着自己心中那一份执着。

中井啟，日本人，出生于 1968 年。不认识他的人第一次见到他，都会被他邋遢的形象所“吓倒”，黑黝黝的皮肤，一头脏兮兮的卷发，沾满灰尘和油漆的衣服，像极了街边的乞丐。而熟知他的人无不对他充满着尊敬与敬佩。他就是最负盛名的保时捷改装大师，并且创立了以改装老版保时捷而扬名世界的公司——RWB。

中井啟年轻的时候是一名职业赛车手，后来随着年龄的增长而退役，开始了做汽车改装工作，年少时就对保时捷情有独钟的他，改装工作也渐渐专注于老版保时捷。沉默寡言的他似乎找到了知己，找到了生活的乐趣，时常工作而忘了时间，到下午三点居然问同事吃饭了吗？日复一日，很少见中井啟休息，仿佛能找到他的地方就一定是他的改装车间，而这一坚持就是 17 年。

“我改的保时捷都是用我的手做出来的。”整个改装过程全是由中井啟一个人完成的，在开始改装前他先会测量车身的每一部分。有人问他：“保时捷各个型号的尺寸不是一样的吗？有必要重新测量吗？”

而中井啟却说："每辆车都有自己完整的一生，它们在空气中无时无刻不在经历着磨损，就像人的生老病死，而我必须知道它们磨损了多少，哪怕微不足道的几毫米，这样我才有信心完成我的工作。"的确，中井啟做到了，在对零件一次一次重新拆装，对焊接、拼装部位反复打磨，而必求各个部件达到最佳的状态。在切割过程更是让人赏心悦目，17 年的坚持使中井啟的双手和眼睛犹如刻尺，一气呵成的动作，没有一丝误差。当整个改装过程完成时，你就会发现这绝对是件工艺品，还是富有新生命的珍品。

"每一台车都有着自己的灵魂，一半是与身俱来的，另一半则是它的主人所赋予它的。"中井啟说。所以每当他改装之前，他总会坐上这辆车去感受它的呼吸，然后和车主人交流，熟悉它们的秉性。中井啟完成的作品都附有鲜明的特点，融合了日式改装和德式改装风格，这种独树一帜的风格体现的是中井啟对完美的追求，对理想的追求，对匠工专注，勤劳，坚持，一丝不苟最好的阐释。

"知之者不如好之者，好之者不如乐之者。"当我们从事自己喜欢的事情时总是充满了乐趣和无限的动力，天才的成功不仅需要灵感，更重要的是对那一缕灵感充满无穷兴趣和不懈的坚持。"傲雪寒梅独自开"，寒梅坚持了自己的性格，不与它香争暖春。"梅花香自苦寒来"，所以执着的寒梅赢得了世人的称赞和诗人的歌颂，而这种称赞与歌颂不就是生命的意义吗？

一直很喜欢一句话："对于在大海中没有航向的航船而言，来自任何方向的风都可能是逆风。"是的，无论是在大海中航行的航船，还是在人生道路上前行的我们，都应该时刻铭记最初的梦想，所以我们不该忘记我们为什么而出发，无论周遭什么环境，我们都应该坚持自己心中的那一份执着，那一份梦想。

微微烛心，点亮人心

人生犹如大师灵动笔下创作的戏剧，既有清风不拂一丝涟漪的平静，也有跌宕起伏震撼人心的高潮。漫长的平静往往会一笔带过，往事如烟，随风而逝。短暂的高潮却往往最引人注目，感动人心。蜡烛的生命是短暂的，但它却用一生来坚持点亮这个世界。同样，在我们周围就有许许多多这样的烛光，他们用自己的坚持，自己的信念不仅仅激励着自己，更是时刻点亮着这个社会，感动着人心。

2002 年 7 月，李灵从河南省的一所师范学院毕业了。在当时从师范学校毕业的学生可谓是香饽饽，就业形势一片大好。来自农村的她在大城市找一份收入稳定又体面的教师工作似乎这就是李灵的人生道路。然而，偶然的一次回家，看到家乡有大量辍学在家的留守儿童，这些父母在外打工，大多由老人带着生活的孩子，由于家里贫穷，便早早地弃学帮助家里分担农活。内心善良的李灵看到这种情况，便萌生了在家乡办学帮助这些孩子的念头。

李灵用自己的诚心打动了父母和亲朋好友，在他们的支持与帮助下，她用家里积攒了多年的 20 多万元在家乡办起了周口淮阳许湾乡希望小学。办校之初，便遭遇了种种困难，但是她在这些困难面前流过泪，求过人，但从来没有放弃。在学校里，她既是校长，又是老师，在她的辛勤劳动下，周口淮阳许湾乡希望小学有了 7 个班级，300 多名学生了。而这意味着有 300 多个留守儿童又有了学习知识的机会。

在这所希望小学念书的学生，他们的学费是全免的。7 年来，李灵为了办学已经欠了 8 万元外债，经济拮据的李灵已没有能力去为学生们购买课外书籍。为了能让孩子们阅读到新的书籍，了解到新的知识，李灵在暑假带着 200 元只身来到郑州，从各种废旧书摊收购各种有用的书籍。当孩子们兴高采烈地拿起这些书，津津有味阅读时，又有谁知道李灵在烈日下，骑着三轮车，一斤一斤回收旧书的场景。可是看到孩子们读书时的笑脸，李灵哭了，她觉得自己所有的牺牲都是值得的。

从繁华的城市，她走进大山深处，一个刚刚毕业的大学生用她脆弱的肩膀扛住了破旧的教室，扛住了贫穷与孤独，扛住了本不该属于她的责任。李灵就是那烛光，点亮我们心灵的烛光。

同样，在我们周围有许许多多默默奉献的可爱人们，他们坚信着自己的执狂，不畏惧、不怕输，一步步向着远方自己的梦想前行，有时他们也未曾意识到他们的梦想是多么的伟大，多么的不可思议，我们为他们的梦想致敬，为他们坚持梦想而致敬。

追梦人

单纯的蝴蝶为了玫瑰的甜美放弃了安逸的茧窝，顽皮的小猫为了明天的好奇挥别了香甜的熟睡，魔力的朝阳花为了追逐太阳舍弃了生命的阴凉，心中充满热情的追梦人抛弃着业已黄昏的今天，努力奔向新的明天。

罗大佑在他的歌曲《追梦人》里唱道：“让青春吹动了你的长发让它牵引你的梦，不知不觉这城市的历史已记取了你的笑容。”的确，在罗大佑的生命中，音乐就犹如那长发飘飘，美如天仙的她。她是他的梦，一生追逐的梦。追梦小子不仅让这城市记取了她的笑容，还让这个世界记住了他——现代流行音乐之父罗大佑。

“是否你还记得过去的梦想，那充满希望灿烂的岁月，你我为了理想，历经了艰难，我们曾经哭泣过，也曾共同欢笑。”是的，追梦从来都不是轻松的，但当岁月长逝，我们会发现，这个过程很美，尽管有点孤独，尽管带有无奈和迷茫。即便如此，我们依然会勇敢地面对，因为这就是我们的青春，我们的梦，不是别人的，只属于我们的。

1954年7月20日，罗大佑出生于台湾台北，是台湾苗栗县的客家人。由于罗家是名医世家，所以罗大佑的父亲也希望自己的三个孩子成为医生。事实也是，罗大佑的哥哥姐姐都成了医生，而罗大佑在1972年考入了中国医药学院，但他并不满意，为了考个更好的学校，他又补习了一年，但在补习期间并没有怎么用功，还组织了一个合唱团。第二年考试还是考入了中国医药学院，这就开始了罗大佑长达7年的学医生涯。

很小的时候罗大佑就接受了良好的音乐教育，他的父亲为孩子们请了钢琴教师，从此，6岁的罗大佑每天都要和哥哥姐姐弹半个小时的琴。后来，

罗大佑又有了自己的电子琴和电吉他。音乐才华横溢的罗大佑在大学期间就应邀为电影《闪亮的日子》作插曲，创作了他的处女作《歌》。

1980 年罗大佑大学毕业后在一家医院放射科工作。但他对音乐的热情从未消减，工作之余大部分时间都用于音乐创作和演出。工作和音乐两头奔波的罗大佑越发觉得时间不能协调。白天要上班，可是自己的音乐创作灵感大多在晚上 11 点以后。在音乐和从医之间，罗大佑陷入了两难。对当时的社会坏境来说，医生的社会地位高、收入稳定，而他的父亲虽然不反对儿子搞音乐，但也时常提醒儿子别因音乐耽误正事。

但是已明确知道自己的兴趣是音乐的罗大佑最终还是放弃了从医。至 1982 年，他的第一张个人专辑《之乎者也》发表，可谓震动了台湾和华语乐坛，而他的音乐理念更是对现代流行音乐进行了重新定义，罗大佑在音乐上取得了辉煌的成功。

可以说这个世界少了位医生，却多了一位时代的“代言人物”。

抢不走的梦

“任谁也抢不走的梦想，多累也在黑夜中发着光。要够盼望，就会有能量，来跨越阻挡的围墙。”歌手如是说。飞雪踏春，百花凋谢，枯枝迎风，唯寒梅一花独艳，彩染寒冬。寒冬抢不走寒梅一颗好胜的心。花如此，人亦如此，任你风吹雨打，有些人却从来不会被击倒，他们以梦为马，坚持着自己的信念，自己的梦。前进的道路可能有失败，但绝对不会有轻言放弃。

罗立，出生于甘肃陇西的一个小山村，他是家里的独子。童年时享受着父母无限的疼爱和呵护，而懂事的他也时常为父母帮忙做家务与农活。勤劳的罗立在村子里那是人见人爱、人见人夸，乡亲们都赞叹罗家生了个好儿子。而罗立从小看到辛勤劳动的父母就有一个梦想，考上大学，找到一份好工作，让父母过上好日子。

幸福的一家三口，在罗立初三时突遭变故，罗立的父亲因为心脏病去世。为家里遮风挡雨的肩膀突然倒下了。幸福的家庭一夜间崩塌了。与母亲相依为命的罗立，在悲伤之余暗自下定决心，一定要好好学习，多帮母亲分担生活压力，照顾好母亲。放学回家的罗立第一件事就是帮母亲做饭，而母亲做农活总是到很晚才能回来。放假的时候，罗立也尽量帮母亲干农活。生活的压力给了罗立学习的动力，他的学习成绩一直名列前茅。在中考时也顺利地考到了当地最好的陇西一中。罗立的母亲听到这个消息更是喜极而泣。陇西一中由于离家远，罗立只能在学校住宿。

命运总是喜欢捉弄那些善良的人。在罗立上高中没多久，他的母亲因为起早贪黑地忙农活，加之长时间见不到儿子和时常思念丈夫，变得有点精神恍惚。在一次坐村里人拖拉机外出时，更是摔断了腿。为了照顾母亲，罗立也是休学半年，在母亲好点后，也不放心母亲一个人在家里，于是在学校外面租了房子，边照顾母亲边读书，闲暇之余，则是做着各种兼职补贴家用。这个小男孩又撑起了这个家。前几天又听朋友说起罗立，是他在市里组织的高考前最后一次模拟拿了第三名。我不知道他小小的年纪是如何承受本不该他这个年龄所承受的压力，但是，毋庸置疑，这个孩子将来定成大器。

“任谁也抢不走的梦想，我可以不说但不会遗忘，要够痴狂，才不会衡量，敢冲过火海去成长。”这就是梦想的力量，它教给我们如何克服困难与挫折，因为梦想，我们会更加勇敢，更加坚强，成为真正顶天立地的男子汉。

每天看看自己的梦

小时候，我们都写过关于“梦想”的作文，那时候的梦想其实很单纯，有的想成为老师，有的想成为科学家，有的想成为医生……随着年龄的增长，五年、十年过去了，有人在追求无果后淡化了自己的梦想，对生活投降，放弃了梦想。而有人则通过不断追求，将梦想变成了现实。

而他们之中，很多人能坚持下来，就是因为每天看自己的梦。

回顾往昔，有谁还记得自己 15 岁时在做什么？有什么梦想？

我们来看看约翰·戈达德在 15 岁时为自己列出的梦想清单。是的，还未见过世面的 15 岁男孩将自己的梦想列了出来。去尼罗河、亚马孙河和刚果河探险；登上珠穆朗玛峰、乞力马扎罗山和麦特荷恩山；驾驶大象、骆驼、鸵鸟和野马；探访马可·波罗和亚历山大一世走过的路；主演一部像《人猿泰山》那样的电影……他将每一个梦想都编上了号，总共有 127 个，这是他一生要完成的目标，在之后的岁月里，他从未忘记自己的梦想，并一个一个去实现。

列下清单的第二年，他就随父亲去探险了，这是他实现梦想的开端。在之后的 50 多年里，他一边工作，一边计划自己的时间、金钱等来为自己完成看似难以完成的目标。他成了第一个探险尼罗河的人，也是第一个徒步走完刚果的人，他缔造了一个又一个“不可能”。探险都会存在风险，探险之路险象环生，他甚至经历了 18 次的死里逃生，但这并没有让他停止前进的脚步，反而给了他追求下一个目标的动力。在戈达德 59 岁时，他已经完成清单上 106 个目标了。

很多人的梦想会随着岁月变迁而发生改变，戈达德所列的梦想清单中也有无法实现的目标，比如攀登珠穆朗玛峰。人的一生当中会有很多目标与梦想，可是，并不是都能如愿的。正如戈达德所说："在确定目标是很多事情可能超出你的能力，但并不表示要放弃整个梦想。"在戈达德看来，那个梦想清单就如一个人生指南，并不会束缚他的生活。所以，在实现目标的过程中，他还不断增加新的目标与挑战。

写下自己的梦想，每天看一看，让自己不至于因为一些小小的困难而忘记自己的目标。看着自己的梦想，为自己积蓄力量，尽自己最大的努力去实现，看着梦想前进，你将离梦想越来越近。

把心中的"天堂"造出来

每个人心中都有属于自己的伊甸园，有人守着心中的伊甸园过活，有人则将它造了出来。人从有了自主意识后就有了梦想，只是孩童时期的梦想简单而快乐，也容易满足，随着年龄的增长，梦想的实现需要坚持不懈的努力，而在努力的过程中，越来越多的人选择了放弃，于是，梦想就如那美丽的肥皂泡，一触即破。

相反，总有那么一些人，不畏艰辛，从未放弃过自己的梦想，于是，他们成了改变生活，甚至是改变世界的人。

罗伯特·舒勒在 4 岁的时候就对牧师这一职业情有独钟，于是通过努力他获得了神学硕士学位，最终成了一位极受欢迎的布道者。罗伯特·舒勒长期于露天布道，他心中有个愿望，就是建造一座如水晶般的教堂。他曾说："我要建造的不是一座普通的大教堂，而是要建造一座人间的伊甸园。"

当他将他的梦想告诉设计师时，设计师认为他简直就是天方夜谭。教堂的初步预算为700万美元，而对于罗伯特·舒勒来说，别说是700万美元，就连70万美元他也拿不出来。可他并没有放弃，他做了一系列的准备，他认为水晶般的教堂就是一个发光体，可以吸引捐款。罗伯特·舒勒在一张纸上写下：

寻找1笔700万美元的捐款；

寻找7笔100万美元的捐款；

寻找14笔50万美元的捐款；

寻找28笔25万美元的捐款；

寻找70笔10万美元的捐款；

寻找100笔7万美元的捐款；

寻找140笔5万美元的捐款；

寻找280笔250万美元的捐款；

寻找700笔1万美元的捐款；

卖掉1万扇窗户，每扇700美元。

寻找捐款的路是艰辛的，试想谁会轻易去相信一个外人？罗伯特·舒勒的募捐之路就此打开。功夫不负有心人，终于在寻找捐款的第二个月时，一位富商被水晶教堂模型的奇特、壮观所打动了，于是罗伯特·舒勒收到了第一笔捐款，金额为100万美元。慢慢地，后来的捐款人或被他的精神所打动，或被他的诚意所感动，都捐了款。

再后来，罗伯特·舒勒恳请人们认购教堂的窗户，价格为500美元，也可以分期付款，为期10个月，每个月50美元。最后，不到六个月，1万扇窗户就被认购完了。

水晶大教堂的后期建造共花费了2000万美元，是预算的近三倍，而这些都是罗伯特·舒勒通过内心的那份虔诚与努力换来的。1980年，可容纳1万人的水晶大教堂历时12年终于完工了。这在世界建造史上堪称奇迹。

罗伯特·舒勒曾说："不是每个人都应该像我这样去建造一座水晶大教堂，但是每个人都应该拥有自己的梦想，设计自己的梦想，追求自己的梦想，实现自己的梦想。梦想是生命的灵魂，是心灵的灯塔，是引导人走向成功的信仰。有了崇高的梦想，只要矢志不渝地追求，梦想就会成为现实，奋斗就会变成壮举，生命就会创造奇迹。"

梦想的实现离不开内心的坚持，现实生活中，相信每个人都有美好的愿望，可是在成长道路上，很多人因为各种各样的原因而选择将愿望深埋心底，不轻易示人。很多时候，"天堂"并非遥不可及，只是我们少了那份坚定。

年华一瞬，容颜易逝，不要将有限的时间用在羡慕别人。人生弹指一挥间，努力拼搏，即便"天堂"与心中理想有差距，至少努力过，便不会在往后的岁月里因为错失而长吁短叹。随时保有一颗奋斗的激情，再回首，便是你亲手建造的美丽"天堂"。

二
自己不扬帆，没人帮你启航

不怕输，才能赢

心中的那本人生字典里，一直安放着我从小就书写好的“不怕输”字样。但当时光远去，时间推移，上面已铺满了世俗的尘土，被“狂风暴雨”扭曲的面目全非，这个时候，有谁还能记得当初你的坚定，勇敢面对，越挫越勇呢?

她叫张莉莉，从外表看，是一个极其平凡的人，论身材，身高一般，身材也不算苗条；论样貌，相貌平平。走在人群，保证很难找到她。她是某公司的一名普通职员，和领导关系一般，但一直被领导器重，连续三年甚至加薪。

这天，她带着新人小李去拜访一个老客户，其目的是维护客户关系。在办公室和客户聊天中，客户无意中说最近在忙着谈一个项目，对方说完后，张莉莉不失时机地说：“你们已经签完合同了吗？有没有可能给我们做呢？”

客户犹豫了一下，不好意思地说：“这次可能不行，我和对方已经谈得差不多了，所以很抱歉。”

张莉莉继续说：“没关系，我回去也给您做一个方案，您觉得哪个方案合适您就选哪家，您看行吧。”

客户没有表态，算是默认。下午，和客户吃完自助餐，张莉莉将小李送回家后，自己并没有回家，而是直接去了公司，连夜加班做了一份方案。

第二天，张莉莉又带着小李去见客户，由于是老客户，对方依然很热情地接待了他们。但是，当对方看完方案后，有些为难地说：“就这个方案来说，这次可能有些难度……”

张莉莉说：“没事，今天我们就是来解决问题的，您只需要告诉我，怎么做才能符合您的标准，这样即使最后没有合作成，最起码我也努力过了。”

可能是因为张莉莉的执着打动了客户，客户开始与张莉莉探讨方案，最后顺利地拿下了这个单子。

签完合同的那天，张莉莉带着小李去吃饭，算是小小的庆祝吧。小李问道：“张姐，做业务一定要这样执着吗？”

张莉莉说：“不管是做一件事情，还是去实现一个梦想，中途一定会遇到很多困难和挫折，往往在这个时候，很多人的反应是既然大局已定，下次有机会再说吧，可是，机会难得，只要有一点点希望，就应该去试试。”

小李随口说：“但是，这次本来胜算就不大，这样逞能，万一失败了，多没面子啊！”

张莉莉说：“不怕输，敢于尝试，这是成功的前提，这与面子有什么关系呢？人生最痛苦的事情不是失败，而是有机会，却没有去做。”

小李这才明白，为什么张莉莉看似普通，却总能受到领导的器重，连续三年升职加薪。

很多美丽都是在尝试中展现，很多成功都是在胆怯中擦肩而过。想养一盆花，但想想没有经验，于是不了了之；想通过锻炼减肥，担心没有科学的方法，于是放弃了；领导给了一个新任务，担心做不好，于是推掉了；看好一个项目，担心失败，于是搁置了……

每个人心中都有一个梦想，都有一个自己想要的生活状态，为此，我们每个人都有强弱不一的努力心态，然而，由于各种外界因素的影响，“畏惧”“怕输”的因素会消减拼搏的欲望。所以，很多事情，我们本可以赢，本可以成功，只是缺乏再尝试一次的勇气。

当时间在我们身边流过，带走我们的年华，年轻的容颜逐渐苍老的时候，回忆当初拼搏的场景，自豪感便会油然而生，年华会告诉你：“你已经赢了！”

说得好不如做得好

生活中总有那么一些人，活在绚丽的美梦里，身边的朋友时常能听到他们的高谈阔论，他们或许博古通今，或许对某个学科的理论极为精通，可是却没有人认为他们是成功者。梦想谁都有，每个人都渴望成功，都想成为别人眼中的英雄，可是真正实现的寥若晨星。当看到别人的成功时，总忍不住去羡慕，更有甚者恶言讽刺。他们从未想过，自己努力过没有，当一个人缺乏行动时，再简单的事也会变得复杂无比。先行其言而后从之，就是这个道理。

一个人满脑子的财富经，一个人只是小学毕业，两人比邻而居，无论从哪方面来讲，两人都相距甚远。可是两人内心里都想成为富翁。前者很满意自己的财富经，每天喝着茶，高谈阔论。后者每天仔细听邻居的财富经，而且按照其内容去做。多年后，后者成了富翁，而前者还是每天喝着茶大谈自己的财富经。

如果是你，是愿意做前者还是后者？

哥伦布发现了新大陆，在欢迎会上，一位贵族对哥伦布嗤之以鼻，他觉得哥伦布只是乘船一直往西航行，后来很幸运地发现了一块陆地，仅此而已。在他看来谁都能做到，而且这个发现也没那么了不起。

欢迎会上的人都听到了这位贵族的言论，都看着哥伦布会有怎样的反应，其中不乏一些看热闹的人，都等着哥伦布出丑。反观哥伦布不但不觉得尴尬，而是慢条斯理地拿起一枚鸡蛋，对大家说：“各位女士、先生们，请问谁可以让鸡蛋小头向下竖着立起来？”大家听完就开始交头接耳，有的已迫不及待拿起鸡蛋尝试，可是没有一个成功。那位贵族看到这样的情况很不屑地说：“这是一件绝对不可能完成的事。”哥伦布没有说话，而是拿起鸡蛋在桌子上轻轻一敲，鸡蛋便稳稳地在桌子上立了起来。那位贵族显然很不服气，他说：“鸡蛋敲破了肯定可以立起来，这个方法谁都会。”

其实，那位贵族的话不无道理，现实生活中，有很多这样的人，当别人做成功了某件事，他们就会说：“这件事这么简单，要是我去做也能做得很好。”可是关键就在于，你并没有去做，而别人做到了。

生活中有很多事都是如此，做起来很简单，而在于你有没有去做。一件事你做得未必完美，但总比你看似完美却一事无成要好很多。说得再多再精彩，其实都是毫无意义的，当你自己没有付诸行动时，谁也帮不了你。

当你高谈阔论，讲出一大堆道理，把自己说得如神一般牛气时，是否先迈出第一步，把最简单的事先做好，纸上谈兵的结果就是别人利用你的理论取得了成功，而你还沉浸在自我感觉良好中。说得再好，都不如一小步的前进。

生活中郁郁不得志的人总是抱怨自己出身不好，学历不高，能力有限，运气不好……他们把不成功的理由都推给了外在因素，结果只能望成功而兴叹。其实，只要他们先迈出一小步，未来就会大不同。

发现自己的优势

年少时的我们都觉得自己很了不起，觉得自己与众不同，在时光的打磨下，越来越多的人棱角被磨平，开始变得圆滑、世故，没有特色。其实每个人都是独一无二的，再平凡的人，身上也有闪光点。之所以闪光点被忽略，大多是因为对自身优势的不重视。很多时候，人们更关注于自身的弱点，而对自身优势视若无睹。

要知道每个人都有弱点，过度关注只会抑制自己前进的脚步，或许控制弱点可以将损失减低，但并不会让你变得更优秀。当你不知道自己要什么时，是无法取得成功的。

于晓从小是个乖乖女，妈妈让她学什么她就学什么。妈妈一直想把于晓培养成一个有着艺术气息的女孩儿，于晓也不负众望，不能说琴棋书画样样精通，但每样都能拿得出手，尤其是书画。于晓特别喜欢画画，但不是妈妈所希望的国画，而是漫画。

于晓就这样按照妈妈的安排一步一步前行，高考选志愿，毕业选工作……妈妈都一手包办。最后，于晓成了某艺术学校的钢琴老师，对于女孩子来说，是个听起来很美、很高雅的职业。可是，于晓并不是很喜欢。即便不喜欢，她也没有忤逆妈妈的意思，也没有懈怠工作。只是在心烦的时候一个人躲在房间里画漫画。

于晓有一定的文字功底，所以，她除了画漫画，还会给自己的画写一些应景的话语，有幽默的、有感伤的、有自黑的……后来，她发现一个网站，注册一个账号后就可以将自己的作品展示出来，而且有版权保护。一开始，于晓并没有信心，觉得自己只是一个业余的爱好者，展示出去也只会让人笑话。

所以，一开始，她只是默默关注着别人的作品，默默地画着自己的画。关注多了，于晓也发现了一个问题，大多数别人发的图，里面的字都是电脑后期加上的，不够生动。而于晓因为学过书画，临摹很好，字体也是灵活舒展。于是，她将自己以前的一小部分画贴进了网站。

她没想到反响会那么大，点击率是直线上升，很多人被她的画所吸引，说她不仅画得好，字也漂亮，虽然是业余水平，但正因为如此，她的画才更吸引人，她能发现别人发现不了的美，更符合人们的胃口。连网站负责人都主动和她联系，请她做特约投稿人。

慢慢地，画漫画就成了于晓的第二职业，除了工作，大部分的时间都用来画漫画，她的粉丝也越来越多，这也增加了于晓的自信心。为了让自己的画更上一层楼，于晓不仅买了大量的书籍钻研，还会与一些漫画爱好者交流……而她书法的优势在此发挥得淋漓尽致。

在拼搏的道路上，很多人将最初的自己弄丢了，有些人为了迎合大众口味，而将自身个性化的元素丢掉了；有些人对自身缺乏自信，而忽略了自身优势；有些人为了纯粹的金钱，而做着自己不擅长且不感兴趣的事……

的确，现实生活中，很多人迫于压力从事着自己并不喜欢的工作，一生碌碌无为，到最后，徒留遗憾。

没有人可以做到面面俱到，唤醒潜藏的那份才能，就如给自己的人生增加了无数可能，重新审视自己，为自己找到最合适的道路，只有在自己擅长的领域你才能如鱼得水。

一个人即便再不济，也拥有别人所羡慕的优势。与其把时间花在弥补劣势上，不如发挥自身优势，否则顾此失彼，就得不偿失了。发现自己的优势，努力前行，即便没有取得成功，也问心无愧。

不做空想的俘虏

看着河里欢畅游来游去的鱼儿，很多人都是站在岸边想，抓到鱼儿后要怎么办。于是，他们也只能看着鱼儿从身边游走，只有少部分的人会去结网捕鱼。正所谓，临渊羡鱼，不如退而结网。很多时候，机遇都是在你羡慕别人的时候溜走的。理想的实现离不开自身的努力，也许有人会说，理想总是与现实差得太远。的确，没有人可以将理想完完全全照搬到现实，毕竟，现实生活中有很多事不是你可以掌控的。

最初的我们都认为自己是与众不同的，认为自己是最棒的。漫漫人生路上，有人便开始发现，周遭人的生活差距越来越大。就如春晚舞台上范伟所说的：“人跟人的差距咋这么大哪？”其实人与人最大的差距就是，别人行动了，而你还在空想。要知道，没有人可以帮你把生活过好，别人风光的背后也是汗水堆积起来的。

夏玲、王玉、叶子、刘敏是大学室友，四人虽性格不同，来自不同的地方，但关系很好。夏玲是从农村走出来的，家中还有一个上初中的弟弟，她大学的学费还是父母东拼西凑借来的，她非常珍惜上大学的机会。王玉是临市的，家境一般。叶子是本市人，小康家庭。刘敏也是本市的，家境富裕，大学礼物就是学校附近的一套二居室房子。

刘敏大手大脚惯了，而且为人仗义，与同学一起出去从来都是抢着埋单。作为室友，夏玲、王玉、叶子经常被她拉出去玩。王玉和叶子虽然也是见过世面的，但与刘敏比起来还是小巫见大巫了，对此，她们只有羡慕的份儿。王玉的话语里最多的就是“我要是有这样的父母就好了。”“如果我是刘敏，我就可以……”叶子平时喜欢看言情小说，她每天幻想着有个白马王子可以牵起自己的手……夏玲也羡慕刘敏的一切，不用付出就可以得到自己想要的。可是，她更知道自己除了羡慕，还有更重要的事要做。

每天，当王玉和叶子跟着刘敏混吃混喝的时候，夏玲已经开始兼职了。对此王玉还颇有微词，说她不懂得享受当下。夏玲为了使自己的大学生涯更加丰富，她还参加了学生会，而且深得学生会会长器重，这也为她培养了一定的社会能力。与此同时，夏玲也没有放松自己的学业，各科成绩都保持在班级前五名。当其他同学沉浸在大学生活的五彩缤纷时，夏玲则在图书馆看各类书籍。当其他同学开始出入酒吧、高级餐厅时，夏玲则吃着最简单的学生餐。很多人可能会说，这样的夏玲不合群。其实不然，无论是室友、班级同学，或是学生会的同学，都很喜欢夏玲。夏玲性格安静，做事有原则，乐于助人，别人有求于她，她都会尽心去完成。

四年一晃而过，王玉和叶子除了跟着刘敏出入各种高级餐厅，其他一无所获。当她们也开始为自己的未来担心时，才发现投出去的简历都石沉大海了。反观夏玲，已经有几家大企业向她抛出了橄榄枝。

很多时候人们就是这样，宁可呆呆地望着别人的成功，也不愿行动起来。用无用的叹息去平复内心的不忿，结果就是一场空。每个人都有欲望，大多数的人都是不安现状的，但用于改变现状的人少之又少。

知识源于学习，成功源于付出，很多人之所以无法走出欲念，只因他们看到的只是表面。羡慕别人的成功没有错，如果沉迷于无止境的空想，只会失去人生的方向。不要让自己成为空想的俘虏，当遇到自己感兴趣的事，就适时付诸行动，你的人生也会大不同。

酒香也怕巷子深

很多人都想成为被伯乐发现的千里马，可是，当千里马变得默默无闻时，就很难引起伯乐的注意。现如今的社会已不是酒深不怕巷子深了，好东西就要展示出来，这也是为什么企业注重宣传的原因。生活中很多人不屑展示自己，他们固执地认为自己的才华就是等待伯乐发现的。

陈亚辉所在的公司效益很好，他毕业后就在此工作，工作也勤勤恳恳，可是由于性格较为内向，虽然也曾鼓起勇气展示过自己，可因为种种不同的原因，总是没有引起上司足够的重视，以至于三年过去了，他还是原来的职位。虽然薪资还不错，但并没有自身发展的机会。于是，他萌生了跳槽的念头。

一年后，陈亚辉坐在新公司的办公桌前，无精打采盯着电脑。他原以为换个公司、换个环境，然后通过自身的努力，自己的抱负与才华就有了施展的空间。可是，事与愿违，他现在的工作与之前无异，只不过换了一张办公桌而已。陈亚辉又进入了迷茫期。

一天中午，茶水间，陈亚辉忍不住对关系不错的同事吐槽："你说，所有的老板是不是都很难发现员工潜在的能力，喜欢按照自己的方式来安排员工的工作？"同事问他为什么这么说，于是陈亚辉把自己的苦闷说了出来。两人并没有注意到茶水间外面的经理。

下午，经理将陈亚辉叫到办公室，以朋友的身份与他交谈，刚开始，陈亚辉还有些拘谨，可是，看经理的态度很随和，他也渐渐放松了下来。后来他们相谈甚欢，这期间，陈亚辉将自己的见解还有一些关于公司管理上的问题都与经理进行了探讨，还有一些关于技术上的问题，陈亚辉虽然说得并不是很精辟，但也并非没有道理。

此时，经理已经对陈亚辉刮目相看了。其实，经理对他是有一些印象的，虽然到公司只有半年多，但每每交给他的工作都可以按时完成，而且不推诿。

经理专门开了一个会议，将陈亚辉提出的一些见解与设想提了出来，会议上，中高层管理者对于陈亚辉的意见很赞同，夸其是个人才。很快，陈亚辉得到了提升。

后来，经理问陈亚辉："你有这么好的想法，怎么没想着当面给我讲？"陈亚辉有些不好意思地说："其实我也很想跟您说，但一方面苦于没有机会，另一方面我不善与人沟通，而且我总认为，我的才华应该由您亲自发现。"再后来，陈亚辉了解到，无论再好的才华，也是需要自我展示的，将自己包裹起来，再闪亮的金子也发不出光来。

大多数怀才不遇的人都是在等待中错失机会的，被忽视就闷闷不乐；一时的否定就萎靡不振，觉得自己的才华被埋没了……

当你埋怨别人不理解你的才华时，是否想过你将自己的才华展示出来了吗？现如今的社会不缺人才，很多人的才华因为这样或是那样的原因而被忽视，如果你抱着“酒深不怕巷子深”的想法，等着别人去发现，那么，你的才华就真的被埋没了。

等待机会，不如创造机会，把自己的才华大胆展示出来，是给自己机会，同时也是给赏识你的人机会。人的一生真的就在于那奋然一跃，也许第一步有点难，可是真的迈出去了，就真的为自己争取到了机会。

命自我立

有人说：“人各有命，命运是天注定的。任你有再大的本事也改变不了自己的命运。”真的如此吗？很多人信命，当算命的说自己是苦难命时，就觉得一生完了，丧失了奋斗的意志，因为，他觉得再怎么奋斗，终将会失去一切。

但是，也有这样一种情况，通过命理，给自己改命。其实，很多时候，心理因素是主要主导者。改变自己命运的还是自己。

明朝有位思想家叫袁了凡，母亲希望他学医，既可以养生，又可以救人，也算是一门手艺。一天，袁了凡上山，在路上遇到一位老者，颇有仙骨，老者是个善于推理之人。袁了凡好奇之下就去让老者算，老者说：“你是个当官的料儿，别学医了，去读书吧，明年你一定是个秀才。”

袁了凡回去后，与母亲商量，便放弃学医，第二年他果然考上了秀才。与老者所预料得分毫不差。当下，袁了凡便将老者请到家中，请其推算他一生的命运。老者便像模像样地算了起来。包括哪年做贡生，哪年做县长……还有他在五十三岁那年的八月十四日去世，而且命中无子。

袁了凡对老者的话深信不疑。几年下来，老者的话一一应验，更让袁了凡觉得一个人的命运皆天注定，人生沉浮皆有定数。当他明白这一点时，心中便“豁然开朗”。他想：既然一切都是命中注定的，那还瞎折腾什么呢？只等着命运的安排就可以了。于是，他放逐自己，无欲无求，整天不看书，游山玩水打发时间。

一日，他闲逛至栖霞山，与一禅师对坐一室，禅师在袁了凡身上感受不到妄念，为他如此年轻却从容淡定的姿态感到惊讶。禅师问出心中疑虑，袁了凡将事情始末说与禅师听，禅师听后大失所望，笑着说：“本以为你是豪杰，原来不过凡夫罢了。”袁了凡不解。

禅师说：“一个人不能没有思想，这样会被阴阳变易之道所圈定，怎么可以没有数的规律存在呢……这么多年来，你不能走出被他算定的命理，难道不是凡夫吗？”袁了凡被禅师的话触动，问其如何解？

禅师说：“命是由自己造的，福是自己求的，怎么就不可更改了？”

袁了凡顿悟。至此之后，他开始发愤读书，立誓一定要改变命运。来年参加乡试，考取头名，而老者所言是第三名。在之后的人生里，袁了凡一个一个打破了老者的预言，包括生死。他活过了老者所言的 53 岁，而且膝下并非无所出。

就这样，袁了凡用自己的努力改变了命运。豪杰与凡夫其实离得很近，而且，选择做豪杰还是凡夫全由自己决定。

命自我立，如果你不去改变，那么谁也帮不了你。一个人的命运从来不由天定，而是由自己创造。一个人的行动决定了他今后的路，所以，与其信那些有的没的，不如静下心来，想想自己未来的路，选定了，勇往直前，必定能取得成功。

三

人生就是一场自己与自己的较量

你的懦弱没人在意

小时候，我们摔倒了就会下意识寻找妈妈，然后哭着等妈妈来安慰。再大一点，有了闺密、哥们儿，遇到了不顺心的事就会找他们去诉说，几包零食，几杯酒下肚，烦恼似乎也减轻了。在亲人面前，我们有足够的理由去表现自己的懦弱。走入社会，渐渐发现，一切都要靠自己，累了，找不到可以好好放松的地方；受委屈了，找不到可以诉苦的人……其实生活就是这样，每个人有每个人的生活方式与轨道，没有人会在意你的懦弱，如果你期待被人理解或走入你的心灵，只会让自己失望。

陈亮就职于一家设计公司，因为是刚刚毕业，在公司里也只是做一些无关紧要的工作，有时连会议都没有资格参加。陈亮曾试着画一些设计图让前辈指导，可是，前辈的冷嘲热讽让陈亮很是尴尬。前辈说：“你就是个初出茅庐的毛头小子，难不成还妄想着有自己的设计品牌，有这工夫画图纸，还不如多给这些前辈倒倒水，说不定还能给你指点指点。”

在公司已有一年，陈亮也深深意识到了自己的不足。所以，每天，他除了完成那些所谓的前辈交给的任务外，还会主动问他们要任务，这也使得很多前辈对他很有好感，每次他有不懂的地方，这些前辈也越来越有耐心给他讲解了。除此之外，陈亮每天回到家，还会补充自己的专业知识，凌晨才休息是常有的事，他知道只有让自己强大起来才能被重视。

陈亮有自己的目标，他并不甘心于只做一个可有可无的“打杂”员工。看着和自己同期进公司的同事因为受不了前辈的“欺负”，或者因各种各样的原因而选择辞职，陈亮更加坚定了自己内心的想法：一定要在这个公司混出样子来。陈亮深深明白，这是个弱肉强食的世界，你不努力就意味着被淘汰。

陈亮也有坚持不住的时候，他也想找个人好好陪自己哭一场，可是，他发现根本没用。烦恼依然存在，难题依然需要自己解决，别人看到的永远是你风光的一面，背后的汗水没人在意，对于你偶尔的懦弱或许还会认为你矫情。

于是，陈亮收起了自己的懦弱，开始与自己较真。他自学了与设计有关的某个科目，开始积极表现自己，上司也注意到了他的表现，开始给他一些小项目做，慢慢地，陈亮也开始参与一些大型的设计。爬得越高，压力也越大，无论对身体还是精神都是一个大的考验。对此，陈亮觉得唯有让自己变得更坚强，才足以应对外界的各种意外。

人生就是自己与自己角逐的过程，不需要把自己的懦弱展示出来，没有人会同情。再成功的人也会有害怕的时候，偶尔的示弱没什么，但要懂得，哭过、示弱过之后自己站起来，就如刘德华的歌词里唱的：“男人哭吧哭吧哭吧，不是罪；再强的人也有权利去疲惫。”人的一生是拼搏的过程，你提前放弃，就意味着走向平凡。

这是个现实的社会，我们无法依赖任何人，即便是父母。沉迷于幻想，或停止努力，只会让自己更懦弱，你的一切梦想也会化为乌有。收起懦弱，强化自己，努力了就不会后悔。

学会自己撑伞

大多数人都有依赖心理，遇到事情会习惯性找自己的亲朋好友帮忙，当依赖成习惯时，自己也就失去了努力的激情。一个人努力的结果都会以各种形式回馈给对方，人生路上，只有通过自身的努力才能获得自己想要的生活。

每个人内心都有一份属于自己的坚持，每个人都在扮演着属于自己的角色，每天睁开眼睛，我们就开始一天的忙碌，有着做不完的事。如果哪一天突然停下来，损失也是显而易见的。

走过懵懂、纯真的年华，就要学会撑起自己的那把伞，努力前行，过自己想过的生活。

李霞和陶欣从高中时是好友，大学时，同城不同校，两个人周末经常相约逛街。大学时代，充满梦想，她们两人也不例外。躺在学校的草坪上，阳光透过树影，星星点点照在脸上，她们天南地北地说着话。

李霞特别喜欢看港台剧，对香港这座处在世界前沿的现代化城市很向往。李霞说："要不我们毕业后去香港发展吧。"陶欣说："去香港得先学好粤语。"李霞不以为然地说："那就学呗。"陶欣说："好，那我们就自学吧，就像之前学会计一样。"李霞说："好。"

半年后的暑假，两人相约去香港玩。当陶欣用流利的粤语与当地小贩砍价时，李霞内心是羡慕的、震撼的，连小贩都以为她是本地人，最后，还送了她们一份小礼物。反观李霞，她的粤语水平还停留在“你好”“对不起”。

进入大三，陶欣说她想跨专业考德语的研究生，问李霞有没有兴趣一起考。李霞说她准备自学心理学，不想分心去学其他。半年后，陶欣已经可以将《少年维特之烦恼》用德语朗读下来，后来陶欣因为做某项调查，遇到关于心理学方面的知识，于是找到了李霞，可李霞的回答却是不太清楚，因为她并没有学。

大学毕业后，陶欣去了香港，而李霞留在了生活了四年的城市。一天，陶欣给李霞打电话：“李霞，我被公司派去德国学习两年，以后说不定会留在德国。”电话的另一头，李霞沉默良久说：“真羡慕你。”陶欣没说话，李霞继续说：“我想辞职了，生活真是太辛苦了，每天要跑市场，看客户脸色……”陶欣说：“你真的觉得苦吗？你说你羡慕我？羡慕我什么？羡慕我背井离乡？羡慕我一天只能吃两顿饭？还是羡慕我为了省钱骑自行车上下班？”

两人挂了电话，曾经的一幕幕浮现在李霞眼前。她想着，自己只关注着陶欣的闪光点，却忘记了她为梦想而付出的汗水。陶欣的卧室里摆放着各类书籍，里面也都有陶欣做的笔记，这些都是她努力的见证。大学时，好几次晚上 11 点多打电话，陶欣都还在图书馆里查资料。

没有谁能随随便便成功，陶欣现在所得到的一切都是自己辛苦创造出来的。李霞或许也努力过，只是她过早放弃了，因此也失去了抱怨的资格。

谁的青春不轻狂？未来对于曾经年少的我们来说还太遥远，于是，我们荒废了时间，停止了奔跑，也忘记了并没有人给我们撑伞。人生总要有那么一次奋不顾身的努力，只为自己，累了，发泄一下，继续前行。因为你今天不努力，以后谁也不会给你你想要的生活。

突破自己

生活中有很多人对自己的现状不满，他们急于改变现状，有人通过突破自己改变，而有人则选择逃避。当一个人达到一个高度时，就会害怕失败，害怕改变，这是大多数人的心理，他们就想着维持现状。可是，很多时候，不进就意味着倒退。突破自己、挑战自己是需要很大勇气的，可一旦迈出第一步，将会离重生更进一步。

很多时候，不是输给了时间，也不是输给了现实，而是输给了自己。作为四届奥运冠军，吴敏霞达到了常人无法企及的高度。如果 2012 年伦敦奥运会后，吴敏霞选择退役，其在跳水台也拥有不可替代的地位，带着光环退役，对运动员来讲是非常光荣的。可是，吴敏霞选择了向自己挑战，以 31 岁的“高龄”参加了 2016 年里约奥运会，并获得了金牌，为自己的奥运生涯画上了圆满的句号。很多人被吴敏霞的认真、刻苦感动着，明明可以华丽转身，却偏偏选择最艰难的一条路。原因很简单，就如她在赛后所说的，想挑战一下自己。

对于本已经优秀的人再去学习，很多人都表示不理解，总说：“你都那么优秀了，还去学习干什么？”当你问出这个问题的时候，你已经在退步了。人生本就是不断学习、不断蜕变的过程。

王石，一个传奇的企业家，以 60 岁的年龄，放下一切，毅然走进哈佛大学与一般留学生一样每天上课。在这里，没人知道他是地产大鳄，没有知道他身价上亿，他只是一名年龄稍大的学生。

在国内，王石参加活动有秘书安排，去哪里也有专车接送，似乎一切都不用自己操心。可是，到了哈佛，一切都要亲力亲为。很多人都不理解，明明可以享受更好的生活，为什么去受那个罪，简直就是自讨苦吃。可是，王石却并不觉得苦，他认为每个人都要有一种自我不满足的精神。

刚开始，王石并不是很适应。一方面的原因是语言不通，只是办信用卡就因为语言问题而拖了四天。听重要讲座时他需要找翻译记笔记，到了晚上，就认真看笔记，遇到不认识的单词、词句就查字典，然后回放演讲的PPT，直到基本弄懂了里面的意思才罢休。对此，王石说：“我虽然听不懂，但一方面为了练习语言；另一方面我也是不认输的人。”就这样，他一个单词、一段句子去研究，用他自己的话说就是，懂一点是一点。还有一方面的原因就在于心理的变化，担心自己学不会、学不好，听着别人叽里呱啦说了半天，却听不懂，不知该如何反应，这让他很懊恼，总觉得别人会笑话自己。后来，他渐渐放了下来，王石开始不在乎别人眼中的自己，这让他自在多了。

后来有中国留学生认出他来，或许环境的原因，他们的交谈很随意，就王石的话说，跟这些留学生讲中国的企业，他们也不懂，兴趣也不大。偶然

的交谈中，得知王石登上过珠穆朗玛峰两次，这是很了不起的，这让同学们对他也有了不一样的看法。语言似乎也不那么重要了，别人也不在乎他为什么这么大了还来上学。在这个问题上，王石明白了，一个人外在的一切都是不重要的，重要的是能否突破自我。

王石的学习过程渐入佳境，语言虽然只是一种交流工具，王石并没有怠慢，他开始不再避讳与外国人交流，面对面地与外国人沟通，这让王石感觉很好，他的外语水平也有了质的提高。

罗曼·罗兰说："大部分人在二三十岁上就死去了，因为过了这个年龄，他们只是自己的影子，此后的余生则是在模仿自己中度过，日复一日，更机械、更装腔作势地重复他们在有生之年的所作所为、所思所想、所爱所恨。"很多人到了一定的年龄，就缺少了一股拼劲。安于现状，便无法找到最好的自己。

但凡成功者都有一种不满足的状态，对自我的不满足，会让人更努力。其实，对自己帮助最大的是自己，当你站在成功者的位置上，首先要感谢的就是自己，是自己的不满足，敢于突破自己，才有了今天的成功。

走自己的路，让别人说去吧

曾几何时，我们迷失在众说纷纭中？同样一件事，有人认为这样好，有人认为那样好，正所谓，众口难调。满足众人是不可能的，如果总是根据别人的想法看世界，那么，你永远也看不到真实的世界。当你不能让所有人满意时，不如专注做自己，走自己的路，让别人说去吧。

在父母眼中，周彤并不算是传统意义上的乖孩子。在老师眼中，周彤也只能算是不惹事，存在感极低的学生。在同龄人因父母的责备而生气时，因老师的夸赞而得意时，或因别人的嘲讽而心塞时……周彤只是安静地做着自己的事。同学之间的嬉闹没有她，她总是拿着一本书，或坐在休闲椅上，或躺在草坪上，偶尔抬头望天，蓝天白云让她更放松，累了就把书盖在脸上，似乎这样可以享受片刻的安静。有时，周彤会静静听着雨声，看着被雨水冲刷的树木、地面，这种焕然一新的感觉她很喜欢。

安静的性格让周彤越来越沉默寡言，上课时，她不愿再举手回答问题，也不敢问老师问题……她也意识到，这样对自己以后的发展不利，父母也因此苦口婆心地说过她，让她多与同学交流，不要总是沉浸在自己的世界里。父母甚至会亲自邀请她的一些同学来家里做客，为的就是改变她的性格。同学说她太呆板，建议她以后多参加班级活动。可是，周彤热衷于这种安静。她说，她并不会因为别人而改变自己，她觉得安静地看世界，更容易看到真实的世界。当她因某件事而生气时，安静会让她平静下来；当她对周遭某些事感到不满时，安静会让她迅速调整过来。

虽然活在自己的世界里，别人很难理解，这或许会让她的人际关系变得紧张，但她并没有想过要改变。安静地看书，安静地发呆，周彤并不是不知道自己想要的是什么，只是不愿意去解释，她觉得自己清楚就行了。

在拼搏的过程中我们会遇到各种各样问题，当别人对你的选择产生质疑时，你是选择闷闷不乐，进而接受？还是坚持到底？很多人被别人的嘴巴所控制，过于在意别人的眼光，就会被命运所掌控。

生活中很多人都是如此，谨小慎微，总是想尽办法讨好别人，进而迷失了自己。比如：有人邀请你合伙做生意，你说：“万一失败了多丢人，钱全赔进去了，怎么办？”于是，朋友另找合伙人，生意红红火火。比如：亲戚公司缺人，请你去工作，你说：“万一别人说闲话怎么办？”于是，亲戚找了另一个熟人，熟人在公司并没有遭遇闲话，反而迎来了别人的羡慕，几年后，分公司开张，熟人当了分公司经理。这样的例子有很多，因为过于在意别人的眼光，而使机会一次次流失。

在看《甄嬛传》的时候里面有这样一句话：“别人帮你，那是情分，不帮你，那是本分。容不容得下是你的气度，能不能让你容下是我的本事。人是活给自己看的，不是他人的一句话就能左右自己，让自己活出潇洒自我。”我们无法控制别人，那么就学会掌握自己。不要做别人的影子，顾忌太多，只会失去更多，人生贵在坚持。

与自己较劲儿

人生道路上，我们会遇到各种各样的人，有朋友、有对手、有无关紧要的人……很多人总以为，人生就是在跟别人竞技，总想着超越他人，以至于忘记了最初出发是为了什么。其实，每个人要战胜的只有自己。学会和自己较劲儿，才能让你变得更优秀。

最初的我们无惧无畏，为自己的梦想努力着，渴望成为人上人，可是，不可否认，即便你再努力、再专注，总有人比你优秀。如果沉浸在无法超越别人的自责中，你就永远无法取得成功。你所需要做的就是战胜自己，走出消极情绪，才能做最好的自己。

张鹏毕业后直接参加工作，算下来，已经在这家公司工作6年了。张鹏带着一副眼镜，看起来很斯文，给人的感觉文弱无害。

镜片下一双锐利的眼睛，总给人看穿一切的感觉。在公司，张鹏很得上司器重，6 年时间已经从一个职场菜鸟摇身一变成了部门经理。

一次，一家大型集团招标，张鹏所在的公司有个最大的竞争对手。总经理也下了死命令，一定要拿下这个项目。张鹏是主要负责人，压力不言而喻。他马上召开了小组会议，制订了大致方案。张鹏的能力是毋庸置疑的，但这么大的项目还是第一次负责，两家公司能力相当，一个小小的失误就有可能满盘皆输。为此，张鹏顶着大太阳去调查市场，对每一组数据进行分析，尽可能做到完美。

同事说："张总，没必要这么较真儿吧，这组数据根本对整个计划书的帮助不大，我们可以随便写个数据就行。"

张鹏对此很坚持，他说："既然做就要做好，那怕只是一组看似无关紧要的数据，也要真实有效。"

一切结果明天揭晓，办公室里，张鹏反复研究着投标书，这里的所有数据都是他调查所取得的。他学着站在对方的立场，想着对方该如何制订计划。张鹏是一个自我要求很高的人，再难的事，他都会想办法去完成。有人说张鹏太轴，总喜欢自己跟自己过不去，到最后，累的还自己。

当张鹏又因为投标的事而加班时，一位同事说："张总，我觉得我们做得计划书已经接近完美了，对方公司肯定达不到这个标准，我们赢定了。"

张鹏对同事的话不以为然，他说："不要掉以轻心，对方的实力也是很强的。"

同事得意地说："有张总在，肯定没问题。战胜对方轻而易举。"

张鹏笑而不语，低头继续研究计划书。

张鹏知道，对方的实力不容小觑，所以，他从细节入手。他并不是做给别人看的，他曾说过做任何事情都要对得起自己，较真儿并不是什么坏事，反而可以更叫严厉约束自己，挺好。

最终，张鹏所在的公司取得了成功，而成功的秘诀在于，他们那组最不起眼的数据。

当对自身的要求越来越低时，人就会产生惰性，就不会再去为了一件小小却重要的事上心，进而失去大好的机会。

拿运动员来讲，每天高强度单调的训练，就是为了可以站在最高的领奖台。只要能参加奥运会，其技术水平和心里素质都是顶尖的。可是，一个项目金牌只有一枚，金牌花落谁家，最后还是要看自己。就比如，大多数的参赛者都是跨越半个地球去比赛，身体的调整非常重要。身处赛场，运动员的自身调整非常重要，很多时候，能够干扰自己的只有自己。当你无法对自身做出正确的调整时，就会对不利因素无能为力。人生就是这样，你不较劲儿，就会被生活同化，变得平庸。时过境迁，再回首，与自己较劲儿，并不是钻牛角尖，而是憋着一股劲儿，努力向前冲，直到成功。

打磨自己

时光会将我们打磨得面目全非，很多人带着梦想而飞，可飞着飞着却找不到着落点了，也找不到来时的路了。在生活打磨我们的同时，我们也可以自己打磨自己，即便岁月在我们脸上留下了痕迹，时光将我们变得世故，但经过自己悉心打磨后，便可发光发亮。

不知道从什么时候开始，小崔对陶土起了兴趣，大学毕业后，他开始走访各地，想要学习陶艺。最后，他找了一位民间陶土艺术家，一位朴实的老人。

小崔开始了他的学习之路，这是一个既复杂又漫长的过程。这位老艺术家也是个要求严格的人，他让小崔每天捏一个心中想象出来的东西。他说："当你不知道怎么捏时，就去观察它们。"天天不间断，哪天看不到他塑造出来的作品就会板着脸问："作品呢？"时间一天天过去了，小崔的捏泥技法越发高超了，每天不重样，且惟妙惟肖。小崔试着把作品在网上出售，没想到短短几天就卖光了，还有专门联系他订货的。

小崔不仅仅是爱好陶艺，将这个当作打发时间的小兴趣。而是想要开一家陶艺馆，摆上自己精心创作的作品。小崔依然认真学着如何制作陶艺。可是，一个习惯一直没改，就是每天捏一个造型让老艺家过目。

小崔终于开了一家陶艺馆，因为作品富有新意，且质量上乘，尤其是捏泥技术让专家都赞不绝口。小崔专门抽出时间去看望那位教他的老人，感激老人的教导。皱纹爬满了老人的脸，慈祥而善良，他笑着说："其实我并没有教你什么，甚至我捏泥的技术远远不如你，年轻的时候，我父亲总说我捏得四不像。可是，你让我教你，我不知道该如何教，只好拿出年长者的姿态。其实，一直都是你自己在打磨自己。"

"自己打磨自己？"小崔提出疑问。他不敢相信，自己的陶艺水平竟然是在自己一天一个捏泥造型的积累中打磨出来的。老艺术家只不过充当一个监督、持之以恒要求自己的角色。从老人尴尬、和善的笑容里，小崔知道老人并没有骗他，因为，他从未看到过老人捏泥。

岁月有时候会充当磨刀石的作用，一个人的才华有多出众，他接受岁月打磨的次数也就越多，而握着刀柄的人就是自己。当你不停磨砺自己时，你的才能也会慢慢显现出来，越来越出众，直至艳光四射。

起点不重要，终点才是关键

常常听人说，要赢在起跑线。当觉得自己的起点太低时，很多人都选择了放弃，认为这都是上天安排好的，任凭自己怎么努力也无法达到别人那样的高度。起点固然重要，可赢在终点才是最关键的。

2016 年里约奥运会让人记住了羽毛球赛场上的 19 岁男孩伊戈尔·科埃略，他出身里约贫民窟，也成了巴西首位参加奥运会羽毛球男单比赛的人。

走进伊戈尔从小生活的地方，残破不堪的墙壁，散发难闻气味的楼梯，充满戒备眼神的路人……很难想象这个爱笑的大男孩是如何一步步走向奥运会的。伊戈尔的贫困是大多数人无法想象的，他 12 岁时甚至还在睡婴儿床，只是在另一头加个箱子，以便将腿伸直。

回想伊戈尔的童年，他觉得可以用恐惧来形容。贫民窟里，贩毒、黑帮火并都是常事，警匪大战这种只能在电视里才会出现的画面，却是伊戈尔常常经历的。那时的他即便躲在家里也觉得不安全，流弹随时有可能会击中他或者身边无辜的人。那时，连上学都会充满恐惧，因为很有可能就无法活着回家。这让他更加坚定，不能像他们一样，而是要通过另一种方式改变自己的命运。伊戈尔身边有朋友加入了黑帮，有的开始了贩毒，这让他们挣了不少钱。可是，有钱的同时也存在高风险。他的一些儿时伙伴，现如今有的在监狱，有的在与黑帮的交火中失去了生命……在采访中，伊戈尔说：“对于贫民窟里的男孩来说，贩毒是巨大诱惑，一些人甚至把它当作挣钱或提升地位的唯一方式，但我不想那样。”

众所周知，巴西是个足球王国，很多人从小就开始踢足球，但对于羽毛球是什么却不了解，更别提怎么打羽毛球了。可是，它却改变了伊戈尔的命运。伊戈尔的父亲是一位体育老师，这让他有幸从父亲的同事那里认识了羽毛球，那年他 12 岁。

当伊戈尔开始接触羽毛球时，他深深喜欢上了这项运动，他说，他希望有一天可以向羽毛球一样飞出去，看看更远的世界。他每天早上起来要打球，从学校回来也会打，一直打到上床睡觉还意犹未尽。

伊戈尔的运动天赋来自父亲，没有场地训练，有木匠功底的父亲就在屋顶做了一个网，再简易不过的训练场地就这样诞生了。条件所限，无法接受更为专业的训练，他就在网上找其他羽毛球选手的比赛，研究他们的打法。从中他发现，打羽毛球需要速度，灵活性很重要。同时，他发现巴西著名的桑巴舞步与打羽毛球时移动的步伐很相似，于是，他开始利用桑巴舞步锻炼灵活性，进步神速。就这样，日复一日，伊戈尔的羽毛球水平越来越高，直至世界排名第 62 位。因为巴西主场的原因，伊戈尔取得了奥运会的参赛资格。虽然他的奥运梦止步于小组赛，但他赢得了全场 7000 名左右的主场观众的掌声。

伊戈尔的事给很多贫民窟的孩子带来了希望，他也希望借助羽毛球这项运动来改变更多人的命运，他想告诉走在边缘的孩子：就算很艰难，也并不意味着不能有梦想。他的父亲开办了一家羽毛球学校，如今的学员已经有 200 多名了。伊戈尔的事被报道后，也有很多外界人士为他们提供了帮助，伊戈尔希望以后有越来越多的贫民窟孩子可以享受到羽毛球带来的快乐。

古往今来，有多少有作为的人是出身贫寒？数不胜数。所以说，即便你的起点很低，也要有“赢在终点”的决心。

再卑微的起点也能造就精彩的终点，心中有梦想，为之不断努力，每个人都能够书写出属于自己的精彩故事。起点的高低不代表终点的高低，反而低起点更能磨炼一个人的意志。

四

不拼，怎么知道自己不行

撞了南墙也不回头

王恒出身于普通家庭，是家中独子，因为叛逆早早辍学了，16岁就走向了社会，原本以为离开家庭就可以自由自在，想怎么玩就怎么玩了。可是，事与愿违，现实的残酷让他对未来更没信心了。

一个没有学历、没有经验、没有特长的人，想找一份好的工作是很难的，于是他也成了众多推销员中的一个。可是，对与王恒来讲，推销存在巨大考验。独生子的身份让他很难放下身段去“讨好”客户。孤僻的性格也让他过于沉默，一和别人说话就脸红，表情极不自然。不过，天生的叛逆让他决定勇往直前，不愿服输，他想成为最优秀的推销员。

有了目标就开始行动，每天上班前他都对着镜子说“加油”，到了公司，他不断提醒自己：大声与同事打招呼。效果不错，他已经能大声说出自己的想法了，见到陌生人也不会表情木讷了。

在对推销员进行培训期间，王恒为了锻炼自己的胆量，当培训师问问题时，王恒总是很积极，即便答错了，引来一阵哄笑，他也没有停止。就这样，王恒得到了培训师的称赞。

培训结束，王恒正式开始了推销员的工作，他做的是度假区的房产销售，前辈对他说，做这个行业一定要能熬得住，一年半载没有业绩是很正常的。王恒想：既然选择了就一定要做好，他开始寻找客户群体，一次次被拒绝，一次次重整旗鼓……公司会不定期举办客户答谢会，也会邀请一些目标群体参加，这是个发展客户的好机会。在答谢会上，王恒努力寻找着目标。

他已经做好了“撞了南墙也不回头”的准备，他找了一个很难攻克的客户，这个客户是某公司的老总，同事曾向他推销过，但被其冷漠的态度打败了，就没去第二次了。当王恒向这位客户自我介绍时，无疑遭到了和同事一样的待遇。

第二天，王恒又出现在客户的面前，被客户拒之门外。

又过了几天，王恒再一次来到客户面前，在客户赶他走之前，他说：“请您听我把话说完，就几句话，我说完就走。”似乎被他的执着打动了，客户坐下来，也没赶他走。王恒开始滔滔不绝地说了起来。他准备得很充分，话题逐渐引起了客户的注意，客户的脸也渐渐认真起来。等他说完了，客户并没有表态，他想这次失败了，不过在这次失败中他锻炼了胆量。

几天后，上天给了他一个意外惊喜。那位客户给他打电话，让他带着资料到办公室详谈。再后来，王恒签下了这个客户。

王恒的推销之路越来越顺畅，很快就成了公司的业绩王。

成功路上碰钉子是难免的，有的人怕钉子扎手，选择远离；有的人迎难而上，选择面对。所以，后者成功了。每做一件事，都要有“撞了南墙也不回头”的恒心和毅力，把每一次的挫折都当作一种成长，每碰一次钉子，就代表你离成功更近一步了。

勇敢踏出第一步

大多数的时候，不是事情太难做，而是没勇气踏出第一步。人生会不断面对选择和决定，当你勇敢踏出第一步时，就会觉得其实并没有想象中那么难，甚至多年之后回想，还会觉得微不足道。

不要羡慕别人的成功，别人的幸运，试想一下，没有努力哪来的成功与幸运？当机会来临时，你是选择坐以待毙？顺其自然？还是努力争取？

郑贺坐在崭新的办公桌前，开始了一天的工作，中午休息时，郑贺站在办公桌后面的窗台前，从50多层俯瞰这座城市，自豪感油然而生。

郑贺服务于一家大型公司，他现在所处的这一层都是高级管理者，对于一个靠自己不断努力往上爬，背井离乡的小伙子来讲，能够坐在这里办公，是无上光荣的。

郑贺刚刚大学毕业，就做出了人生的一个重大决定，背着简单的行囊南下，他来到了深圳这座快节奏的城市。去之前，亲戚、同学都劝他："你去肯定不行，人家要么要高端人才，要么要最底层的劳力工作者，你说你，学历一般，也没什么技术，到那里高不成低不就……"郑贺说："不试试怎么知道？这一步总是要踏出去的。"

刚到深圳的郑贺人生地不熟，他找了一份业务员的工作，每天起早贪黑，工资也仅够交房租和解决温饱。一年过去了，情况并没有好转，父母劝他回去。他说："既然选择了，就要努力去拼，别人可以，我一样可以。"郑贺更加积极地工作，一次偶然的机会，他结识了一家大型公司的部门经理，两人是老乡，他看郑贺肯努力又积极向上，于是对郑贺说："我们公司刚好招业务员，我觉得你可以去试试。"对于这次机会郑贺很珍惜，做了很多准备，最终被录取了。

郑贺认真的工作态度，肯吃苦的精神都是业务员必备的，因此，他的

业绩在同期同事里是最好的。郑贺也不甘于一直做一名业务员，他报了一个培训班，每天下班后去学习，为自己充电。

就这样，郑贺一边学习，一边工作，他的拼劲儿连经理都佩服，所以，只要有外出培训的机会，经理都会为郑贺争取。而他的努力也没白费，从名不见经传的业务员慢慢走到了公司的管理层。

大多数的人过着按部就班的生活，没有波澜，可以不用那么累。可是，夜深人静时，也会期待生活有惊喜。也会在某一时刻后悔在最该努力拼搏的时候选择了安逸。很多人都是如此，为了别人的期望而活，将自己内心真正的想法隐藏起来，讨好了众人，失落了自己，到最后，追悔莫及。

很多人走不出第一步，不是因为看不到机会，而是害怕承担失败的后果，害怕改变后，连原来还算好的生活也丢了。不选择其实也是一种选择，一种不作为的选择。当看到曾经与自己站在同一起跑线，一同面临选择的人，因为选择了与自己完全不同的路而成功时，他们又开始自怨自艾。

其实，当你踏出第一步时，你已经成功了。当你踏出第一步时，就会认真去走好接下来的每一步，直至成功，不踏出那一步，你也永远不知道自己有多优秀。

想常人不敢想

生活如弹簧，当你弱的时候，它就强，当你强的时候它就会被挤压的毫无反抗之力。这就好比人生中遇到的困难，用你的勇气去战胜它，想常人不敢想，就能创造奇迹。

有一家公司的经营出现了问题，由于总公司也无力承担，为了可以尽早走出困境，总公司决定将这家子公司卖掉。

赵新是某公司的总经理，他听到这个消息后，便带着律师团队拜访这家公司，赵新是个敢想敢做的人，他提出，想要买下这家公司。这家公司的经理也很欢迎，只要赵新按照出售价格付清款项，这家公司就归他了。此时，赵新说："我拿不出这些钱，不过，我希望你们可以借给我。"对方以为听到了一个天大的笑话，以为赵新只是来挑事的，根本没有诚意要买这家公司。准备将赵新赶走。

此时，赵新说："我们公司拥有出色的技术人员，接手后我有百分之百的把握可以将这家公司起死回生，当然，前提是你们肯借钱给我。"

这样的想法一般人很难想到，因为他极为荒谬，对方是卖公司，非但拿不到钱，反而还要借钱给买公司的人。

对方看赵新这么有信心，便决定先调查一下再做决定。这家公司派出专业的调查组对赵新的经营能力进行了调查和评估，结果很令人满意。他们决定相信赵新。因此，赵新空手套白狼，取得了这家公司的经营权。后来，一切都按照原本设定好的路线在走，公司经营出色，已经处于行业领先水平。

想常人不敢想，当你拥有了这份勇气，去证明自己，让别人认同你，那么，就能获得别人无法获得的机遇。一个人再有才华，即便有机会，可如果没有勇气去尝试，那么也是徒劳的。别人不敢想的事你想了，别人不敢做的事你做了，那你就更接近成功了。

要有冒险精神

世界的五彩缤纷离不开鲜花的点缀，一朵鲜花从破土发芽到绽放，每一步都充满了危机，它们的生命脆弱而顽强，一个天真毫无攻击力的孩童都有可能将它们的生命扼杀。如果种子因此而选择长眠于黑暗的泥土，那么世界还会如此美丽吗？

生活中，很多人从小就被灌输一种思想：我是为了你好，这样做不行。打着善意的外壳将刚刚冒出来的可能不被大多人接受的想法压了下去，长此以往，从孩童时期的默默接受到主动规避，风险是小了，但这样的人生也显得没有意义了。就如种子一般，它的价值就在于绽放的那一刻，如果不绽放还有什么价值可言？

“张总，我真羡慕你的生活，我观察你很久了，天天锻炼不是谁都能坚持下来的。”

“我喜欢运动，每天都会坚持跑 3 公里。”

“这样你不觉得把时间白白浪费了吗？把时间省下来都能写一份计划书了。”

“怎么会？这段时间我可以结识很多和我有同样爱好的朋友，而且，运动可以强身健体，使我更加投入地去工作。”

……

以上是王建与一位老总朋友的对话。王建是一个很有想法的销售员，懂得策划，可空有想法，很少去行动。

“张总，我想做你们产品的代理。”

“可以，但你确定你准备好了？”

“当然。”

“不过我们公司有规定，代理的话必须先销售 10 套产品，且卖不出去由个人承担。”

……

听到这样的话，王建退缩了，且不说能不能销售出去，就连购买十套产品都有些吃力，销售出去还好，销售不出去钱就会打水漂。

“如果我把钱全投了进去，最后失败了怎么办？”

“你说出这句话其实就意味着失败了，做任何事都有失败的可能，尤其是做销售的，当销售失败，首先想的事为什么会失败？还没开始就因害怕失败而退缩是永远也无法成功的。”

“你们公司的产品要500多元一套，太贵了，我担心卖不出去。”

“价格是价值所决定的，没有贵不贵之说，而且也没有卖不出去的产品。”

在征求了多方意见后，王建决定冒险一试。

一周过去了，他一套产品也没卖出去，他有些急了，每天对着产品发呆叹气。有时真想放弃，可一想到张总的话，他又重燃斗志。终于，一个月后，他卖出了一套产品。这使得信心渐失的王建重新看到了希望，这就是所谓的成就感。接下来，虽然销售的道路并不顺利，但王建也没想过放弃，他知道自己回不去了，他被这种成就感深深地吸引，决定为之而努力。

在没有行动前，有很多人就开始为自己找借口，用看似合理化的理由让自己可以不用冒险，结果一事无成。成功与否，决定权不在于你的计划是否完美，也不在于你的资金是否充足……不是你不够努力，而是你缺乏冒险精神，迈出至关重要的一步，努力前行，就不会被生活所淘汰。

人类文明发展至此，如果没有先辈们的冒险精神，我们也不知道大海的彼岸是什么，乘风破浪后可能是毁灭，也有可能住着吃人的怪兽……生命的每一次激动其实都是由冒险开始的。

冒险精神不是激进，也不是漫无目的地乱冲乱撞。但凡成功者，都具备一定的冒险精神，奋斗的毅力。时代变迁，优渥的生活磨平了人们的斗志，尤其是年青一代，丰富的物质生活弱化了冒险精神。

对于未知、不确定的事情，有好奇也有恐惧，当好奇战胜恐惧时，就会催化冒险精神，反之，就会放弃追求。有选择就有风险，说一件事情存在风险，其实就是说要完成这件事阻力很大。因为失败的风险较大，所以一般人不愿意冒险。我们将风险比喻成一座大山，跨

过去就能领略到更美的风景，这就是胜利。当你具有了冒险精神，敢于拼搏，就能获得胜利。

不拖延，马上行动

“今天就这样，我明天一定……”“我等会儿再……”这样的话是不是很熟悉？生活中很多人都是如此，总喜欢把本该今天完成的事情推到明天。明日复明日，明日何其多？

“丁零零，丁零零……”一只手按掉闹铃，一抹身影走下床，拉开窗帘。阳光透过云霞羞涩地露出点点光，温暖宜人。丁怡深吸口气，不急不缓走进洗手间，开始一天的面子工程。半个小时后，一个化着精致妆容，穿着干练又不失风情的丁怡走了出来。

换上一双高跟鞋，提着今年最流行的包包，丁怡走出了家门。20分钟车程，到公司时还有10分钟才上班。丁怡先给自己的小盆栽浇浇水，然后泡了一杯茶，坐在办公桌前，打开电脑，开始了一天的工作。

丁怡是一个雷厉风行的人，上司交给她的任务，她都能立即执行，并按时按量完成，因此深得上司器重，已经成了上司的得力助手。

今天，总经理交给丁怡所在小组一项任务，让他们一周内拿下某公司的续签合同。命令一下，同事们哀号一片。原来，那家公司的老总是出了名的难对付，总爱挑毛病。丁怡不是一个遇到困难就选择退缩的人，她主动请命去拜访那家公司。

说行动就行动，丁怡要来了那家公司的电话，与老总秘书取得了联系，被告知，老总只有当天下午三点到四点有时间。丁怡抓住机会，将续签合同通读了一遍，就双方利益进行了深层分析。她连中午饭都没吃，一直在办公室研究合同。同事吃完饭回来看她还在忙，就说："丁怡，那么拼干吗，这不还有一周时间的嘛，也不赶在这一时。"丁怡正埋头整理合同，只是微微抬头冲同事一笑，并没有过多解释。

下午，丁怡带上合同，比约定的时间早10分钟来到那家公司。正如同事所说，这位老总很难缠，就合同的内容提出了诸多要求。对此，丁怡说："王总，我回去后马上更改，明天一早给您拿过来。"王总只是摆摆手，头也不抬地说："不急，明天下午或后天都可以，这些问题都不是小问题，需要仔细修改。"丁怡说："王总放心，我会以最快的速度改好，给您过目。"

走出王总办公室，丁怡长吁一口气，觉得签约在望。丁怡直接回了家，开始修改合同。直至凌晨一点多才算忙完。

第二天一早，丁怡带着合同来到这家公司。对于丁怡这么早过来，王总是有些意外的，他觉得，丁怡会拖到明天才过来的，没想到，一晚上的时间就改好了。之后的谈话很顺利，丁怡也顺利拿到了合约。

很多时候，觉得自己不行，是因为缺乏拼劲。于是，开始为自己找来一大堆理由去拒绝行动，最后只能看着别人的成功。丁怡的成功并非偶然，如果她在接到任务时推诿，或者在对方指出不妥时，修改工作拖拖拉拉，那么，她是无法取得成功的。

很多时候，机会就是在你的拖延中溜走的，说今天开始减肥，已经制订了减肥计划，可因为经不住美食的诱惑，就对自己说："算了，还是明天再开始减吧。"结果可想而知。其实拖延是会传染的。拖延所带来的安逸总会让人欲罢不能，会后悔、会纠结，但下次依然如此。

本杰明·富兰克林曾说："千万不要把今天能做的事留到明天。"

不要总是把“以后还会有机会的”“时间尚早，不急在一时”“等我准备好了再说”……这些话挂在嘴边，当你说出这些话时，你的此次行动已经宣告失败了。青春年少，保有无限激情与斗志，不拖延，大胆往前走，走过时光，蓦然回首，你才有底气说：“我的青春不后悔。”

成功是折腾出来的

在这个世界上不缺乏创造奇迹的人，靠着过人的胆识，闯出了属于自己的一片天。人的一生会经历很多事，不要怕折腾，只有敢于折腾的人才更容易走向成功。

李彦宏在创立百度之前，在美国有分不错的工作，可是，喜欢挑战的他还是毅然放弃了美国的高薪，回国创业。

1991 年，李彦宏成了一名在美留学生，学的是计算机专业，因为专业的调整，刚开始学得有些吃力。每天就是白天上课，晚上了要补习英语、编程，往往到了凌晨才会去休息。他自己也说，这段日子很苦，但很有意义，年轻就是要吃苦。一年后，李彦宏来到日本松下信息技术研究所实习，这次的实习经历对他以后职业道路的选择也起到了关键性的作用。他发现工业界的研究与学校相比偏向于实用性，学校则注重基础性的研究。在这个过程中，他发现自己的兴趣在做实用性的产品上。

1994 年，道·琼斯子公司向李彦宏抛出了橄榄枝。实习期间，他做了很多研究，其研究成果也得到了业内专业人士的认可，并且在最权威的刊物上进行了发表。此时，李彦宏也决定放弃了读博士，想要将自己的技术真正运用到市场上。做出这样的决定是很艰难的，因为周围的朋友、同学走的路线都是大学、研究生、博士、博士后……

退学似乎就意味着离经叛道，是因为成绩差才离开学校的。

可是，在工业界的实习让李彦宏获得了更多的资讯，IT技术正以极快的速度崛起，于是，他成为了道·琼斯子公司的高级顾问。三年半的时间，李彦宏技术已经炉火纯青，可是，他清醒地认识到，华尔街要的是金融家，对于计算机天才并不重视，技术再好，也不过是使用工具罢了。

于是，李彦宏辞职来到了硅谷，就职于Infoseek公司，是非常著名的搜索引擎公司。他曾信誓旦旦要做世界上最好用的搜索引擎，可是，很多事并不会朝着自己所希望的方向发展。李彦宏的诸多理念与公司发生了冲突，意见不被采纳。很多事情上，他并没有决定权。他们认为技术人员只要做好技术就行了，其他事情无须管。后来，李彦宏的建议被一一证实，但没人愿意听他的。此时，他意识到，只有自己掌握主动权才行。

此时，李彦宏的妻子适时提醒了他，回国创业的念头在此形成。可是，回国就意味着放弃70余万美元的股票期权，还有名车、豪宅等，很多朋友都劝他，说他瞎折腾，放着好好的生活不知道享受，非要回国去创业。

的确，回国创业，一切都是未知数，虽然李彦宏凭借睿智的眼光，看出互联网的发展前景，但未做之前，机遇与风险是并存的。李彦宏有过犹豫，毕竟放弃优渥的生活重头开始，不是每个人都有这样的勇气的。不过，创业的激情与拼搏的精神战胜了一切，李彦宏回国了，于是，有了后来的百度。

人生没有几回搏，人生就是要折腾，这样才多了成功的机会。人生需要挑战，生命的意义就是拼搏。都是做梦，何妨把梦做得更大点。不要墨守成规，坚持下去，你就能折腾出成功来，你的人生也会变得有意义。

五
害怕失败，就等于拒绝成功

勇敢面对挫折

没有谁的人生是一帆风顺的，遭遇挫折是常有的事。挫折面前，有人逃避，有人迎难而上，于是，境遇也大不同。我们常说，失败乃成功之母。不经历风雨怎能见彩虹？一朵绽放的鲜花都是由许多雪、雨、泥和强烈的暴风雨洗礼而培养出的，所以，一个人要成功，也必然经过失败与挫折。失败没有想象中那么可怕，真金亦需要火炼，面对失败我们更不能轻言放弃，失败永远都是过去式，而成功一定是将来时。

每个人的心里都住着一个胆小鬼，面对它，战胜它，你就离成功更近一步了。

美国前第一夫人希拉里就是一个成功的典范。在希拉里四岁那年，他们举家搬到了芝加哥。刚到一个陌生的环境，即便希拉里想要尽快融入，可还是受到了“伤害”。小孩子之间的喜欢和讨厌很直接，也许仅仅是你穿了一条与他们不一样的裙子，他们就讨厌你。周围的小朋友不愿接纳希拉里，她刚刚走近，那些小朋友就跑开了。每天都悻悻地回家，这让她很沮丧，可有无力改变。

观察了几天的妈妈终于忍不住了，对她说：“怎么不出玩，你不喜欢玩吗？”

希拉里说：“当然不是，我也想和他们玩，可是，他们总是嘲笑我。”

了解到情况的妈妈对她说：“孩子，嘲笑并不会使你损失任何东西。他们嘲笑你，你也可以嘲笑他们。你可以和小伙伴们说，我们不要互相嘲笑了，我们可以很开心地一起玩。”

希拉里听了妈妈的话，重新跑出去，与小朋友们交谈了一会儿，就一起玩了。

突然有一天，希拉里哭着跑回了家。她的妈妈说：“怎么哭了？玩得不好吗？难道你是个爱哭的孩子吗？”

希拉里说：“不是这样的，有个小朋友总喜欢欺负人，他打了我。他希望附近所有的女孩子都能听他的，可是我不愿意那样做。”

妈妈说：“那你就大声地说‘不’，别人主动打了你，你也可以打他。”

当希拉里再一次哭着跑回家时，妈妈狠心将她拦了下来，对她说：“我的女儿不应该是胆小鬼，回去勇敢面对他们，相办法真正融入他们。”后来，希拉里硬着头皮去找那些小朋友，使尽浑身解数征服了他们。

这些事情对希拉里以后的人生起到了很大的作用，当面对挫折时，她不再哭鼻子，更不会逃避，她发现，当她选择面对时，挫折所带来的痛苦也会相对减小。这样的勇气使她走向了成功。

被苹果砸了脑袋的牛顿，因对蝙蝠的观察而发明雷达的无线电工程师，还有做了上千次试验发明灯泡的爱迪生。他们面对那无边无际、无休无止的试验，失败又何止几次，但他们从未放弃，因为他们懂得失败是成功的必经之路，在失败中得到成功的经验，是他们通向成功的阶梯。而如果他们害怕失败，那成功只会离他们远去。

人生道路，荆棘丛生，有成功就会有失败，有快乐就会有不幸，直面挫折，寻求战胜挫折的方法，才是取得胜利的不二法门。遭遇挫折固然痛苦，但从中总结经验，迎风而上，挫折就会转换成你的财富，你的生活就会因此变得更加精彩。

态度决定命运

人的生命只有一次，如何让你的人生不留遗憾？在有限的生命里，怎样才能让你的生活更有意义？当年华已过，不会因虚度年华而悔恨？

生活总是会为我们设置各种各样的障碍，如果总是消极面对，苦难就会如影随形。一个人的生活态度决定了他将拥有什么样的生活状态。正如佛家有云："物随心转，境由心造，烦恼皆由心生。"乐观豁达的心态会指引你走出失败与苦难，走向成功。

舒涵大学毕业后应聘于一家主流杂志社，成了一名实习生。杂志社的工作节奏非常快，因为经验不足，舒涵总会挨前辈的骂。舒涵对此也是敢怒不敢言，既苦恼又倍感挫败，甚至萌生了辞职的想法。

带着情绪工作的舒涵更容易出错了，一次，杂志社约了一位当红模特拍杂志封面，舒涵竟然将拍摄的时间弄错了，致使模特等了一个小时，直接拒拍，还要求杂志社赔偿损失。虽然舒涵一个劲儿地道歉，但还是无济于事。最后还是以杂志社赔偿了事。

舒涵被上司狠狠地批评了一顿，差点被辞退，后来因为杂志社的资深摄影师为她说话才留了下来。为表达自己的感激之情，舒涵请摄影师喝咖啡。舒涵很郁闷，她低着头默不作声搅拌着咖啡。摄影师说："别不开心了，你还在实习阶段，挨骂很正常。我刚开始工作的时候，也被骂过，比你还惨。"舒涵有些不相信地说："你这么优秀怎么会被骂？我看主编很器重你呢。"摄影师笑笑说："是真的，挨骂很正常。"舒涵又说："那你被骂过几次，算过吗？"摄影师说："少说也得上百了，我当时是半路出家，很多都不懂，被骂得多了就总结出经验来了，后来我把挨骂当成进步的机会，才有了现在的成绩。”

舒涵想，这么优秀的摄影师都被骂过那么多次，突然觉得心情也好了。舒涵给自己订了一个计划：每挨骂一次就记录下来，时间、原因都一一记录。有了这样的计划后，舒涵的心情也变得不一样了。当然，还是会挨骂，但不会让低落的情绪再影响工作。记录的过程中，她会想：又被骂了，得好好想想哪里出了问题，以后一定改进。

实习期结束，舒涵被留了下来，回头再看记录，她发现，挨骂的次数并不多，而且随着时间的推移，次数越来越少。

这是个现实的社会，很多时候都是成绩说话，当你的位置不够高时，挨骂是很正常的事。很多人因为忍受不了挨骂，而变得失意，也会觉得自己很没用，做任何事情都变得很消极。一个人的生活态度决定了一个人的命运，终日为一些琐事烦恼，并不是自己有多不幸，而是内心的承受力太弱。烦恼降临，只会怨天尤人，收获的也只是更多的烦恼。

其实，挫折并不等同于失败，即便此次失败了，也不代表会一直失败。如果心态调整不过来，小小的挫折就会被扩大成失败，一次站不起来，就没有后来所谓的成功了。你不是失败，只是还没有成功而已。

换一个态度面对人生，人生也会换个态度对待你，正视挫折、失败，你会发现，根本停不下来，积极的态度会让你享受这种战胜失败的过程，你收获的也越来越多。

无所顾忌往前冲

有多少人在往前冲时无所顾忌？在重压之下，很多人被压得喘不过气，带着包袱前行，减缓了前进的步伐。放下包袱，无所顾忌往前冲，才能笑到最后。

阿贝贝·比基拉是一位充满传奇色彩的人物，他是历史上第一个连续两届获得奥运会金牌的非洲黑人运动员。他有一个外号，叫赤脚大仙。因为他首次参加奥运会马拉松比赛是赤脚跑完了全程。

1960 年，罗马奥运会，埃塞俄比亚人阿贝贝·比基拉站在了马拉松比赛场上。赛场上集聚了 38 个国家的 68 名马拉松选手。阿贝贝·比基拉一开始并没有引起人们的关注，这一项目，人们的目光大都追逐着有可能包揽前三名的欧洲人和美洲人。

裁判举起了发令枪，此时看台上发出了一阵哄笑，裁判才发现有位选手没有穿鞋，这人正是阿贝贝·比基拉。他已经做好了起跑准备，看来是准备赤脚跑马拉松了。裁判本想制止，后了解到，处于东非高原的埃塞俄比亚人都有赤脚走路、跑步的习惯，裁判破例允许了。其实还有一个重要原因是，阿贝贝·比基拉只是个名不见经传的选手，根本构不成任何威胁，大家也只把他当成一个笑话来看。对此，阿贝贝也没有在意太多，只是专注于跑道。

比赛开始了，阿贝贝不停地往前冲，一直处于领先位置，这让看台上的人更加坚信他只是个外行。很多人都知道，长跑需要的是耐力，前面冲得越狠，后面追起来就会很吃力。看台上的人都等着看阿贝贝出丑，他们的目光依然集中在几个冠军的有力竞争者身上。赛程过半，阿贝贝非但没有减缓脚步，反而加快了速度，紧随第一名的步伐，有条不紊地行进。快到终点时，阿贝贝突然加速，有如神助，超过第一名，直到终点。用时 2 小时 15 分 16 秒 2，阿贝贝创造了新的世界纪录。

所有人都不敢置信，赛场一下子沸腾了，将掌声毫无保留地送给了这位赤脚跑完马拉松并获得冠军的人，奥运会上也第一次奏响了埃塞俄比亚的国歌。赛后面对媒体，阿贝贝说他对比赛并没有压力，相比于那些夺冠热门人选，他是轻装上阵，这样才能跑出最好水平。

对于光脚参赛的原因，他说，他只是把这次比赛当作平常跑步一样，在军队里训练也是如此，赤脚奔跑。所以，比赛时他可以无所顾忌地往前冲，不管对手有多厉害。

很多人因为承受了太多心理压力，思想包袱过重，正常的水平得不到发挥，也就与成功无缘了。无所顾忌未必不好，至少给了人们向前冲的动力。

跌倒了，爬起来

从牙牙学语到蹒跚学步，再到走入学校，步入社会，人生是一步一个脚印走出来的。跑得快乐就容易摔倒，跑得慢了就容易拉开距离。每个人的人生都是在磕磕绊绊中度过的，幸福没有标准，很多在你看来不幸的事，或许别人觉得并没什么大不了的。

小时候学走路，摔跤是常有的事。“狠心”的父母会鼓励孩子自己站起来，看着孩子哭哑了嗓子，也不上去搭把手，孩子没办法，艰难地爬起来。再摔跤时，不用父母提醒，自己就会爬起来。溺爱的父母，听不得孩子哭，一摔跤就马上跑过去抱起来。再大一点，摔跤了也会习惯性找父母。长此以往，离开了父母的怀抱，人生道路上摔跤了，也难以爬起来。

小芳来自农村，父亲早逝，母亲身体不好，家里有两个弟弟正上初中。于是，她放弃上大学的机会，随村里人一起出来打工。因为年纪小，很多地方都不收。最后在老乡的帮助下，在一家小饭店的后厨帮忙。

小芳有农村人的朴实与韧劲，能吃苦耐劳，两年后就调到了前厅工作，工资也涨了不少。后来听老板和供货商谈话，说是有个小卖部要转让，因为比较急，价格很便宜。小芳虽然来自农村，但也渴望可以留在城市里，挣更多的钱，供弟弟上学。

于是，小芳辞职了。找老乡借钱，接下了这个小卖部。可是，还没等小芳享受自己当老板的喜悦，就遭遇了晴天霹雳。这一片已经纳入了拆迁范围，原来小卖部的转让价那么低是有原因的，现在说什么也晚了。晚上，小芳抱着被子哭了一夜。早上醒来，她觉得不能这样坐以待毙。她想，离拆迁还有很长时间，先做着再说。于是，小芳照常起早贪黑守在店里。

拆迁的日子临近，小卖部拆了，钱没赚到，欠老乡的钱也没还上。后来，小芳把货物打折卖了，手里留了些钱。她看奶茶店投资小，一天卖得多的话也挺赚钱的。她在一所大学旁找到了一个小门面，奶茶店很快开了起来，因为邻近大学，一开始生意还不错。岂料又被爆出制作奶茶的材料里含有化学元素，对身体不好，直接导致喝奶茶的人越来越少。就这样，奶茶店不得不关门，小芳的那点积蓄也全赔了进去。

小芳还不死心，她觉得这些都是老天对她的考验，如果此时扛不住，就真的什么也没有了。因为在饭店工作过，基本流程都懂，刚好有一家店面出租，于是，就租了下来。这次，好运终于降临了，因为朴实善良、勤劳肯干，她的饭店是周围卫生环境最好的，厨师也是她千辛万苦找来的老乡，味道不错，于是，饭店生意很红火。两年后，小芳换了一个更大的店面，又过了两年，她开了分店。她也在这个城市扎了根。

一个人走在泥泞的路上，不小心跌倒了，爬起来继续前行。没过一会儿又跌倒了，再爬起来。反复几次，再跌倒时，他趴着不动了，愤愤地说："爬起来还会摔倒，还不如趴着算了。"生活有时就像恶作剧的孩子，时不时就会给我们制造麻烦。如果不小心跌倒了，就此趴着，那么永远无法取得胜利。但凡成功者，都是一次次跌倒，一次次爬起来，才迎来了成功。

不要羡慕别人的幸运，每个人都有幸运之神，在它没有到来之前，请耐心等待，不是你不够好，只是时间还没有到。风雨之中更能磨炼一个人的意志，一个人再有才华，如果不够努力，一切都是虚无。就如航行的帆船，如果没有风暴，那么，船帆也只不过是一块布。经得住考验，才能品味成功。

失败也能成为优势

每个人都想成功，可是，失败无可避免。不喜欢失败是正常的，但失败也并非一无是处，比如，失败可以提醒我们某些方面的不足，有助于我们扬长避短，提升自己。失败也可以让我们放缓脚步，可以认真地看错过的风景，为我们的生活增加色彩。

最重要的是，失败可以成为我们竞争过程中的优势。

孙毅毕业于名牌大学，毕业后在一家公司做业务员，因为业绩突出，工作认真，受到上司的重用，一年后就被提拔为部门副主管了。又过了半年，部门主管因为某些原因辞职了，孙毅自然而然当上了部门主管。在孙毅的带领下，公司的业务连创佳绩。任部门主管的一年时间，就使公司业务屡创新高。因此，孙毅再次被提拔，成为主管业务的副总经理。权力大了，能做主的事情也多了。在一次业务洽谈中，因为判断失误，加上一时疏忽，对方在没有提供相关证明的情况下，孙毅擅自做主将货物发了出去。当意识到上当后，对方已经将货物转卖给了第三方，然后带着钱跑了。公司的损失是难以弥补的，为给公司一个交代，孙毅承担了所有责任，辞职了。

孙毅重新开始找工作，曾经的一个合作伙伴知道他在找工作，就告诉他，一家外企在招区域经理，待遇还不错。你有经验，而且实干，你可以去试一下。孙毅来到这家外企，丰厚的待遇吸引了很多求职者。经过层层选拔，最终有三名求职者进入了最后的面试。孙毅就是其中之一。

孙毅了解到其他两名求职者的情况，一名是刚从国外回来，曾就职于国外某公司。一名是某名牌大学的研究生毕业，曾在国企任职，还因工作突出被提拔为管理者，后来跳槽到一家私人企业任部门经理，成绩显著。因为喜欢外企的工作环境，所以才来应聘的。孙毅本就是抱着试试看的心态，一听这两个人的经历，他心里更没底了，但他并没有就此放弃。前面两个人一一进去面试，出来都是扬扬得意。孙毅进去后，将自己的情况如实说了，包括那次失败。主面试者又问了一些相关问题，还有他今后的发展方向等，孙毅都根据自己的想法一一做了说明。最后的面试很简单，很快就结束了。让他们回去等通知。

三天后，孙毅接到通知，让他第二天去上班。这一消息让孙毅激动的同时也很吃惊。明明那两名求职者的条件要更好一些，怎么到最后是自己被录用？直到入职后，他才了解到，原来正是他那次失败的经历让他胜出的。正如他的领导所说："正因为你有失败的经历，在日后的工作中才会规避这样的错误，工作才会更加认真，那次失败，是教训，也是财富……”

失败并不可怕，可怕的是被失败打倒，拥有一颗害怕失败的心，当你因为失败而一蹶不振时，你已经放弃了成功。失败对每个人来说都是一种挑战，很多人一遇到失败就选择逃避，甚至轻生，这都是懦弱的表现，等到年老时，回忆里也只剩荒芜一片。如果可以将失败转换成自身的优势，在失败中成长，那么，失败就会为你迎来财富。

不设想失败

“你不是想留校任教吗？准备得怎么样了？”

“我不准备考了。”

“为什么？你之前不是还挺上心的吗？”

“我怕考不上。”

“还没有考你怎么知道考不上？”

……

当做事情之前总想着失败，那么那颗上进的心也会慢慢枯萎。只要心里总是想着失败，就会承受更大的压力，一旦压力出现，就很难将事情做好，成功的机会也会微乎其微。没有谁可以一步登天，或许有被上天眷顾的人，可以不用经历失败就成功，但那毕竟是少数。大多数的人还是努力再努力，尝试了无数次才找到了通往成功的道路。

天渐渐黑了，一个年轻人拖着疲惫的身体慢慢往前走。年轻人是和同学一起出来旅游的，可是，走着走着就掉队了，在一处岔路口与队友走错了方向。当他拿出手机想联系队友时，发现手机没电了。前不着村，后不着店，走了一下午也没遇到一个人。白天还好，晚上就有些吓人了。

就在他快要绝望时，看到远处有一座亮着灯的房子，他决定去打听一下，顺便给手机充下电。在去那座房子的路上，他做个很多设想："要是主人不开门怎么办？"

"要是他们不让充电怎么办？"

"要是这家主人很强悍，打人怎么办？"

……

他就这样走一路想一路，越想越生气，当他走到房子前时，因为生气而用力敲着门。门打开了，还不待主人说话，年轻人就气势汹汹地说："不让充电就不充电有什么了不起的。"主人搞不清状况，以为他是找事儿的，就把门"砰"的一声关了。

这位年轻人在这段路上实际是进入了一种常见的思维模式，即自我失败。这一路，他不断自我否定，其实，他对于问路、给手机充电已经失去了信心。在还没有开口借，他就在心里肯定借不到了，所以，到了门口就出言不逊。

在日常生活中，做这样设想的人不在少数，其结果就是，把自己推向不利的境地。每做一件事，你就在心里想：不可能完成吧，万一如何如何……结果可想而知，还没开始信心已全失，而且事情还真有可能会朝着你所预想的不利的方向发展。或许有人说："凡事要做最坏的打算，才不至于失败得彻底。"可是，如果做任何事都这么畏首畏尾的，还谈何成功？

在接到任务后，不要总想着会做不好。没有人会喜欢失败，但没有经历过失败，怎么会珍惜成功？有时候，即便你准备得很充分，可还是会有可能因为各种原因而失败。没有谁是天生的成功者，那都是无数汗水换来的。遇到问题，即便准备不充分，也不要退缩，失败也是学习的过程。

六

多一分拼劲儿，别把时间浪费在解释上

嫉妒是仰望

生活中常常会收到来自不友好的人的嫉妒，没有谁是完美的，我们不可能让所有人都喜欢自己，也不可能让身边的人都抱着善意与自己相处。这种嫉妒人人都会遇到，如果仅仅是因为别人的嫉妒就放弃自己的追求，那就得不偿失了，毕竟，身边的每一个人未必对自己都存在意义，所以，为了无谓的人去改变不值得。

丽丽穿着鹅黄色连衣裙，白色高跟鞋，画着淡淡的妆，优雅自信、面带微笑地来到了同学会。这样的丽丽让同学目瞪口呆，很难将眼前的时尚丽人与当年那个羞涩土气的小女孩联系在一起。

很多同学都陷入了回忆：

丽丽是高一下半学期转学过来了，这是一所寄宿学校，丽丽与班上五位同学成了室友。那五位同学都是被家里宠坏的孩子，衣服都是攒了一个星期后，拿回去洗。丽丽是个勤劳的姑娘，自她来到宿舍，卫生她全包了，还会帮室友打热水。

在学习上，丽丽是个刻苦的孩子，上课认真听讲，晚上寝室的灯都关了，她还会拿着手电筒学习一会儿。早上也是她起得最早，第一个坐在教室里背诵英语单词。勤奋刻苦换来了优异的成绩。班上有位校花级的美女，对着课外正在看书的丽丽说：“你那么用功干吗呀？弄得我们都有压力了。”丽丽只是冲她一笑，并未多做解释，继续看自己的书。

不知道从什么时候起，一些人对丽丽说的话变得刻薄起来。可是，她从未辩解过，那些人看着自己的“热情”换来的还是一脸“冷漠”，于是搞起了恶作剧：丽丽的作业本会无缘无故不见了；刚打的热水，上个厕所的工夫就空了……看着同学们一脸得意的样子，丽丽只是默不作声，继续自己的事。

有一天，老师将丽丽叫出去，不知道说了什么，丽丽回教室收拾了一下匆匆离开了学校。一周后，回到学校的丽丽明显消瘦了很多。接下来，便是期末考试，成绩出来，丽丽考得并不理想。同学们肆无忌惮的嘲笑声让丽丽哭着跑出了教室。

第二天，老师针对同学们的考试成绩进行了点评，并表扬了丽丽，说丽丽在这种情况下还能考出这么好的成绩是很不容易的。原来，丽丽的父亲因车祸去世了，本就体弱多病的母亲因为承受不了病情加重，没多久也去世了。她现在随小姨一家生活，小姨家也不富裕，小姨身体也不好，小姨夫常年在外打工。这次没考好就是小姨老毛病犯了，住院了，丽丽在医院里照顾她。知道了丽丽的事，很多同学都很惭愧，但都没有勇气去道歉。

后来丽丽考上了理想的大学，读了研究生，毕业后留在了北京一家大型公司上班，并把小姨也接去北京治疗了。这次同学会是同学们费了好大的劲儿才找到她，她也是专门请假坐飞机回来的。

酒足饭饱，一位女同学脸色微红，她说：“你知道吗？丽丽，那个时候你不仅学习好，长得也好看，我们都很嫉妒，那时对你冷嘲热讽都是因为嫉妒。”丽丽微微一笑说：“我知道。”女同学一愣，原来她心如明镜。“那你……”女同学想问她，既然知道为什么不辩解。丽丽开口说：“我妈妈曾经对我说过，你比别人优秀时，不可避免会迎来嘲讽，不能被这些羁绊，只要不停往前跑，当你站在更高的地方时，别人对你就只有仰望。”

很多时候不需要解释，只要不断前行就可以了。当一个人挖空心思中伤你时，说明你足够优秀，对他造成了威胁。不要被别人的嫉妒牵绊住你前进的脚步，只有笨人才会将心思花在嫉妒上，如果你与之计较，就是在浪费时间，耽误自己的前行，得不偿失。

委屈让自己成长

生活中没有谁没有受过委屈，面对来自外界的不和谐声音，有人选择躲避哭泣，而有人选择视而不见，依旧过着属于自己的生活。曾记得宋丹丹说过："别怕有负面传闻，别怕有人诋毁或猜疑你。人生很长，你是什么人迟早别人会知道。年轻时受些委屈是给自己攒福气，我年轻时很多次都觉得快过不去啦，结果练就了一身本领。"

别因为小小的委屈就自暴自弃，受的委屈越多，你离成功的距离也就越近。

一头利落的碎发，眼睛大大的，带着清浅的笑，如果不是茫然的眼神和微微偏头的动作，很难将眼前这位小男孩与盲人联系在一起。小男孩一出生就看不到，当父母意识到这一点时，狠心将他遗弃在了孤儿院。因为看不到的缘故，当听到有声音时，他会习惯性微微侧头偏向声音那一边。

孤儿院的孩子有很多，有健全的，有残缺的。健全的孩子会慢慢被好心人领养，他从未抱有这样的奢望。他喜欢一个人坐在台阶上，抬头望天，即便什么也看不到，却嘴角上扬，伸出五指似乎要抓住洒落的阳光。孤儿院的孩子喜欢恶作剧，而他就是他们捉弄的对象。他很喜欢读书，虽然看不到，但渴望知识。他学习了盲文，比普通书籍要宽要厚的盲文读物是他最好的伙伴。有爱心人士了解到他的情况，送给了他很多盲文读物，其中，他最喜欢海伦·凯勒的《假如给我三天光明》，起先因为不熟悉，读起来很吃力，磕磕巴巴的，此时，孤儿院的小伙伴们就会过来嘲笑他，说他一个瞎子还读书就是个笑话。对此他不予理会，用手抚摸着书籍，读出了最美的语言，“知识给人以爱，给人以光明，给人以智慧，应该说知识就是幸福，因为有了知识，就是摸到了有史以来人类活动的脉搏，否则就不懂人类生命的音乐。”

小伙伴们依旧用嘲弄的眼神看着他，时不时发出讽刺的笑声，隐忍的泪水在眼眶打转，但自始至终没有掉下来。院长阿姨会及时驱散那些恶作剧的孩子，抱着他说：“孩子，觉得委屈，想哭就哭吧。”他冲院长阿姨甜甜一笑说：“我不委屈，他们只是还不懂知识的力量，您看，这是我读过最好的书，我相信，它能给我战胜一切的力量。”此时，小男孩的目光坚定。

小男孩一天一天地长大了，一路的成长，虽然看不到别人同情、惋惜、蔑视的眼神，却依然能听到各种讽刺的声音。但他从未放弃自己。直到被一所盲人学校招聘，成为一名讲师。他尝试的文学创作也小有成就，面对困难，他坚韧不屈的心态让人钦佩。

其实，很多人所受的委屈都是微不足道的，加班赶工作却得不到上司的肯定、好心帮忙却被误解、努力付出还是无法挽回爱情……这些委屈何尝不是给予你成长的空间？心怀阳光，面对生活中的幸与不幸都不要放弃努力，委屈受得越多，你成长得也就越快。

小人物，大力量

当你伸手击打自己时，也能感觉到疼痛，一个人的力量，当你全力以赴时，是自己无法想象的。大多数的人仍生活在社会底层，但并未放弃努力，用自己的方式诠释着生活。

她是北漂一族中毫不起眼的小姑娘，找了一份工作，在公司里，她默默地来，默默地走，默默做着自己分内的事。这是个浮躁的世界，人人为了寻找存在感，不停地张扬自己，生怕被遗忘。她却刚好相反，只是在角落里安静做自己。

同事们追求名利，她埋头研究业务，朋友们流连于灯红酒绿的夜生活，她醉心于各种杂志书籍。周末，身边的人穿梭在各大商场，手里提着时下最流行的服饰、包包。而她为了提高自己，参加了培训班，外语、计算机、营销……一个接一个。

办公室的争名夺利似乎与她没有关系，同事间的拉帮结派也与她不沾边，同事们说她不懂人情世故。有位同事竞选组长，希望她投自己一票，她只是微笑应对。同事如愿当了组长，请客吃饭，她婉言谢绝。看着她的背影，几个同事议论她装清高。

在公司有五年之久，却未被提升，一些后辈都已经是组长、部门经理了，而她依然是一名不起眼的职工。面对同事们背后的议论，她置若罔闻。

一晃十多年过去了，她的读书笔记摆满了半个书架，发表的学术论文被专业人士所赞扬。业务水平更为精湛，令同行都赞叹不已。她说，或许自己总与机会存在距离，可不能放弃准备和寻找，最重要的是在寻找的过程中找到自己。

很多人的生活中都与荣誉、优秀无关，但并不妨碍他们得到幸福。在生活中，不要忘了充实自己、丰富自己，在不断地碰壁中锻炼自己，坚守着心中的那份执着，即便卑微、辛苦，也不放弃自己，骄傲地活着。一粒小小种子或许无法成长为参天大树，也没有花儿的芬芳，但它却能活出属于自己的春天。即便你只是一个小人物，也不要丢掉了小人物的力量，说不定可以创造出惊天动地。

沉住气，慢慢干

这个社会让越来越多的人变得浮躁、沉不住气，遇到一点小事就坐立难安，带着冲动做决定，往往是因小失大。世间百态，唯有压制内心的躁动，埋头于眼前的事，才能赢得更多的机会。即便在面对黑暗时，当你沉住气，终会迎来阳光。

陈天桥是盛大的董事长，1990 年考入复旦大学经济系，1993 年以优异的成绩提前毕业。毕业后的陈天桥进入了迷茫期。心怀抱负，满腔热血的陈天桥被分到了陆家嘴集团公司。在这里，他主要的工作就是放映关于集团介绍的录像片，这是个没有技术含量且枯燥的工作。对于一个走出校园的大学生，而且还是跳级生来说，这种落差让他有些接受不了。在这里，他无法谈论自己的理想，更无法在简单的放映工作中施展自己的才华。

很多人在面对这样的情况时都会选择离开，可是陈天桥留了下来。这样的境遇让他悟出了一个道理，就是无论你抱负多大，如果社会不接受你，一切都没用。不管做什么，首先要做的就是适应环境，而不是让环境来适应你。

在这个枯燥的岗位上，陈天桥沉住气，一待就是十个月。此时的陈天桥迎来了属于自己的机会，有一个干部挂职锻炼的机会，陈天桥被选中了。于是，他成了那家企业的副总经理，管理着 200 多人。成绩突出，很快被提升为集团董事长兼总裁秘书。

这对他以后的事业起到了很大的作用。

做大事者必定要先沉住气，当一个人过于浮躁时，往往会因为急于求成而缺乏缜密的思考，进而错失良机。很多人在奋斗过程中随着社会的发展而不断更改自己的目标，到头来，将时间都花在了选择目标上，到最后却一事无成。

当遇到挫折的时候，沉着应对，不要还没展开行动，就先认输，急于去寻找下一个目标。应当有“即便被众人指责也相信可以成功”的气势，便可做出一番事业来。

不要自己吓自己

快节奏的生活让我们的压力越来越大，也越来越怕失去，亲情、友情、爱情……也许是曾经失去过，所以格外珍惜目前所拥有的一切，小心翼翼过日子，生怕一个错误让自己陷入尴尬境地。

李娇最近急得像热锅上的蚂蚁，到了单位也是无心工作。半年前老公因与公司发生矛盾辞职了，家里的收入一下子减了一半。刚刚贷款买的房，每个月要还贷。还有两边的父母需要赡养，此时，婆婆却因为脑血栓住院了。儿子又因为与同学打架，她被拉去让老师“教育”了……一切的一切都让李娇喘不气来。她开始失眠、多梦，常常半夜被自己的梦吓醒。

这样的情况愈发严重，她觉得生活要过不下去了。老公找不到工作怎么办？银行催款怎么办？婆婆病情加重怎么办？一个个问题都等着她去解决。实在没办法，拖人又找了份兼职，拼了命工作，可是，她发现自己的身体越来越差了。去医院检查，是过度劳累加营养不良导致的。

走出医院大门，她反而冷静了。她问自己：真的要这么拼命吗？

当然，拼是一定要，但不能拿命去换。

老公虽然辞职了，但一直在努力找工作，相信终会找到的，到时两个人一起努力还怕还不上房贷吗？婆婆虽然生着病，但还算稳定，把眼下的日子过好才是最重要的……

越想脚步越轻松，她突然想到曾经看过的一则故事：一个人被误关在了冷藏室，他觉得自己很快就会被冻死了。他打开手机，没有信号。于是，他只是编辑着发不出去信息，记录着自己面临死亡时的痛苦。他躲在角落里，浑身打战，手脚变得冰冷，他觉得自己已经僵硬的如玻璃一般。

第二天，当工作人员打开冷藏室，发现人已经死了，手里握着手机，人们也读到他在临死前的痛苦经历。可是，让人惊讶的是，冷藏室的温度有 10 摄氏度，因为要进行大清理，冷藏室暂时关闭了冷藏系统。

所以说，这个人并不是被冻死的，而是被自己吓死的。

李娇想到这里，觉得自己不能被眼前的困难吓到，危险没来之前一切都是自己虚构的。放宽心去做好眼前的事，你会发现，一切都是再简单不过的事，路是宽的，天是蓝的，花是艳的……

成功青睐努力的人

小静刚进公司时，无论从样貌或是能力来说都很一般，两年下来，几乎没什么存在感。小静只是本分地做着自己分内的事。有同事需要帮助，她也是默默伸出手提供帮助，不骄不躁。

身处职场，尤其是女孩子，虚荣心作祟，总是爱攀比，从衣着到化妆品，从家庭到男朋友……样样都想排出个一二三来。小静则从不参与这些话题，安静地在一旁工作。

总经理需要从内部选一名女助理，这是一个千载难逢的好机会。女同事们，尤其是长得漂亮的都开始为自己绸缪。其中有一项是不计名投票，于是一场没有硝烟的战争开始了。

小静对于这一切似乎并不关注，依然安安静静地工作。同事都说她傻，不懂得争取，她也只是一笑了之。小静平时的工作态度加上这次并不上心的准备，同事并没有将她纳入竞争行列。

竞争开始了，其他女同事特意化了精致的妆，衣着也是一选再选。而小静则和往日无异，轮到她的时候，不卑不亢地回答了经理的几个问题，而且对助理一职的工作发表了自己的看法。小静对待工作的严谨和处世的淡然都让经理很满意。

就这样，小静获得了助理的职位。很多人表示不理解，认为她一定是使了什么手段。对于同事的误解，小静并未作解释，而是调整好心态，适应新的工作内容。

担任助理的小静并没有狐假虎威，利用职务之便摆架子，依然与同事平常心相处。她不仅快速适应了助理工作，因之前工作经验的积累，表现了超强的工作能力，甚得经理赏识。

很多人不争不抢，只是安安静静做着自己分内的事，不是他们缺乏斗志，而是知道自己努力的方向在哪儿。选择做小草，纵使不起眼，却可以发出惊人的力量。

七
斩断退路，把自己逼上悬崖

你还在凑合吗

有多少人是在凑合过日子？当问到久未见面的朋友“过得还好吗？”，大多数人的说辞就是“还凑合吧”。凑合是怎样一种状态？凑合之下又徒留了多少遗憾？

李斌和张康中专毕业后就直接参加工作了，两个人是十分要好的朋友。李斌南下在一家电子厂打工。张康则在省城一家出版社做印刷工。刚开始两人保持着电话联系，时间久了，也许是工作忙了，渐渐断了联系。

一次过年回家，同学们相约聚在了一起，两个人离别10年后再次见面了。曾经年少的他们脸上有岁月留下的痕迹。张康本以为李斌工作很不错，肯定是经理之类，班上很多同学都是如此。而且，李斌在学校的时候，成绩一直不错，还是班干部，老师的得力助手。但是，通过交谈，张康大吃一惊。李斌说：“我可没那么大能耐，我还和10年前一样，是一个普普通通的打工仔，无聊的流水线……”张康说：“怎么会这样？你为什么不跳槽啊，我们学的是市场营销专业，你去做业务员也比这要好吧。”李斌挠挠头说：“业务员到处都是，还要看人脸色，做流水线简单，一个月够吃够喝，已经很不错了。凑合着就行了。”

李斌就这样凑合了10年。

反观张康，其实他也可以凑合的，做印刷工混口饭吃。可是，他没有。在做印刷的过程中，他跟着公司的同事学习排版等技术，而且利用业余时间考取了大专文凭，还拿到了计算机等级证。之后，张康辞职了，创办了自己的广告制作公司。因为熟悉各个环节，自己跑业务、自己搞制作，公司很快就上了轨道，

生活是由自己来选择的，你是选择凑合还是挑战？凑合会束缚我们前进的脚步，会让人们给自己的堕落找到理由。在凑合之下，斗志和锐气会渐渐被磨灭。不要再凑合了，数十年如一日的凑合会让你的人生留下难以弥补的遗憾。

感谢你的竞争对手

很多人可能会说，为什么要感谢自己的竞争对手？人的一生中，你的竞争对手对你的影响不亚于任何朋友，就像林丹之于李宗伟。对手或许是可怕的，他可能会让你一夕之间失去所有光环，可也会让你重燃斗志。

一只濒临灭绝的美洲虎悠闲地散步于属于自己的虎园，周围荫荫绿草，溪流清澈，人工饲养的羊、兔子、鹿等成群结队，专供美洲虎享用。来参观虎园的人都对这里的环境赞叹不已，可是，让他们疑惑的是，为什么美洲虎不去享用为它准备的“活食”，也不见它展现王者风范。每天无精打采，要么耷拉着脑袋闲逛，要么吃了睡，睡了吃。实在没办法，就引进了一只母虎进来，可还是没有丝毫改变。

最后请来一位动物专家，找到了问题关键。老虎本是森林之王，它所处的环境充满了猎杀、奔跑，让它与一群只知道吃草的动物在一起，它是提不起兴趣的。抱着试试看的心态，动物园将一只美洲豹放进了虎园，很快就起了效果。美洲豹的进入让美洲虎来了精神，它每

天站在山顶咆哮怒吼，如一阵风般奔跑，尽显王者之风。

这就如狼和鹿的故事是一样的，为了不被狼吃掉，鹿必须跑得更快，锻炼更强健的体质。而狼呢？为了不饿死，它们必须跑得比鹿更快。就这样，在追逐的过程中，狼和鹿都超越了自我，勇敢繁衍了下来。

很少有人会为自己主动寻找对手，觉得太累，明明可是悠哉游哉地享受生活，为什么要找个人“追”着自己跑？在这样的思想下，惰性便形成了，最终结果就是碌碌无为过一生。没有对手，生活就会失去动力，变得没有生机。当你有了对手，便会有危机感，才会使自己不得不努力向前、锐意进取，这样的人生才有意义。

而且，这是个弱肉强食的世界，即便你想做一个与世无争的人，你的利益也会得到冲撞。对手无处不在，我们需要做的就是选择面对，这才能让自己更加勇敢。

自己的责任自己担

朋友已经是第五杯酒下肚了，都说男儿有泪不轻弹，可是，朋友的眼泪就这样流了出来。朋友讲述着他的遭遇：朋友有位朋友是做生意的，急需钱周转，朋友出于信任，借给了他上百万元。可是，三个月后，朋友的朋友却消失了，朋友发了疯似的找，可是，依然无果。最后才知道，那个人出国了，听说是为了躲债。朋友一下子蒙了，这钱是收不回来了，最让他无法面对的是这之中有一半的钱是他用自己的信用向亲朋好友借的。

事发之后，朋友几乎天天借酒消愁，他觉得他的人生没有希望了。除了喝酒就是一个人躲在家里，心里的怨恨与日俱增，他想借此来逃避自己的责任。

我以为他会一直消沉下去，半年后，再见到朋友时，他容光焕发，完全没有之前的颓废影子。原来，朋友无意间听了一个讲座：一个人半夜开车回家，与一辆大货车离得很近。货车上满载货物，谁也没有料到，捆绑货的绳子会突然断了，货物倾泻而下，酿成车祸。这个人的双腿严重压伤，不得不截肢。这个人的后半生都要在轮椅上度过，他对周围的一切都充满了怨恨，哪怕是充满善意的家人，他也冲满敌意。他最要好的朋友希望他可以走出痛苦，来到他的身边，有了这样一番交谈：

朋友说："开车上路是谁的选择？"

"我。"

朋友说："这个时间点回家是谁的选择？"

"我。"

朋友说："走这条路回家是谁选择的？我记得回家有好几条路的。"

"我。"

朋友说："把车开在大货车后面是谁的选择？"

"依然是我。"

朋友说："绳子断了，货物落下来，这是无法改变的事实。没砸到你，也会砸到别人。可是，结果是谁造成的呢？如果你没有选择在这个时间点上路，或者走了另外一条路，亦或者与货车保持一定的距离，那么，即便货物会掉下来，你也不会被砸到。你说呢？你该不该为此事负责呢？"

故事的结局不知道如何，但朋友从中明白了，也想通了，决定不再逃避，扛起自己的责任，不管多苦多难都要把借的钱还上，他说他已经没有退路了。朋友特意去理了头发，准备为自己的事业做准备。他比以往任何时候都努力。朋友说，钱还没有还完，不过差不多了，相信不久的将来，一定可以无债一身轻。

一遇到困难就为自己找退路，这样只会让自己陷入更痛苦的境地，承担起自己的责任，这样你才会更有动力，你的未来也会更精彩、轻松。

选择了就勇往直前

人的一生是选择的一生。从选择衣服，选择朋友，到选择大学，选择职业，选择伴侣……选择的权利在自己的手中，只有选择才能体现富有个性的存在。未来的成就源于正确的选择。

朱民是恢复高考后第一批考入复旦大学的学生，通过自身努力，成了 IMF 的副总裁，是第一位进入 IMF 高层的中国面孔。

朱民人生走到这一步并非一帆风顺，甚至经历了一段极为艰辛的路，不过这也成了不断进取的精神财富。

朱民出生于 1952 年，16 岁初中毕业后就来到了糖厂工作。还是个毛头小子的他以为自己的工作是在车间，没想到是扛重达 200 斤的糖包。这让他有些吃不消，他为难地说：“我一次能不能少扛点，这么多我扛不动。”这时站在旁边等待扛糖包的人不耐烦地说：“嫌重啊？办公室轻松，问题是你有那本事吗？快点，扛不了就别来，耽误事儿。”朱民瞬间有了不服输的劲儿，二话不说将糖包扛了起来，趔趔趄趄地向库房走去，短短的距离，朱民在放下糖包的那一刻已经累得直喘粗气。抬眼，还有堆得像小山一样的糖包在那里，他又赶快跑过去。几个来回下来，朱民连站的力气都没有了。以为下了班可以好好休息一下了，可厂里又组织政治学习。

每次回到家都很晚了，即便又苦又累，他却懂得苦中作乐，时常在吃完饭后拉小提琴。母亲心疼他，想让他早点休息。他说："就算不拉小提琴，明天还是要扛糖包，拉小提琴还能平静心绪。"

朱民坚信自己不会扛一辈子的糖包，他选择了一条艰辛的路，利用闲暇时间复习文化课。他觉得只要咬紧牙关，勇往直前，世界一定会有自己的一席之地。朱民的付出有了回报，1977 年恢复了高考，朱民毫

不犹豫报名参加考试，成绩优异的朱民被复旦大学录取。学成后留校任教。朱民不甘于就这样教一辈子的书，他选择出国，进一步充实自己。在严格的考试筛选下，朱民拿到了普林斯顿大学的录取通知书。

在那个年代，出国后最难的就是语言关，朱民亦是如此。上课时，对老师讲的内容总是听不懂，功课落下太多，他着急的同时，又积极想办法。他觉得必须赶上功课。他以后每次上课都提前 15 分钟进课堂坐在第一排，以便听清老师讲的每一句话。他恳请老师让他可以录音，讲课的内容属于知识产品，是不允许录音。可老师最后被朱民的真诚所打动，学校破例让他录音。这对于他提高知识起到了很大的帮助。半年时间不到，他的英语水平有了很大的提高，不需要再借助录音也能完全听懂老师的讲课了。

对于很多人来讲，选择是艰难的，可是，既然选择了就要勇往直前。一个人走上一条路，无论是你选择了路，还是路选择了你，终归要一步一步走下去。逼自己一下，走出属于自己的精彩人生。

没有退路的悬崖

很多人说，做任何事情都要为自己留退路，孰不知，留了退路便很难达到真正的成功。一个没有成功却渴望成功，永远不会放弃自己梦想的人，他们会为自己选择没有退路的悬崖，这也是为自己创造拼搏的机会。

程昊留学于澳大利亚，为了出国留学，家里花了不少钱，为了减轻父母的负担，程昊和大多数留学生一样开始找工作。他买了一辆二

手自行车，每天早起送牛奶，还在餐厅找了一份洗碗的工作。

程昊的工作一直在换，终于支撑他读完了学业。某天他看到一家公司的招聘启事，决定去试试。因为担心专业不够对口，所以，挑了一个比较冷门的职位去应聘。最终程昊在十几人中脱颖而出，还没来得及高兴，负责应聘的人问他："你会开车吗？有没有车？我们经常外出，没有车很不方面的。"

程昊一下子愣在那儿了。在这里几乎每个人都有私家车，可是对于程昊来说，目前这可是奢侈品。可是，他不想放弃这个工作机会，仅仅是愣了一下便说："我会开车，也有车。"负责人很满意，让他一周后来上班。

程昊走出公司便开始着手买车的事。一切为了生存，程昊是豁出去了。拿出所有的积蓄只够买车的四个轮子，无奈之下，他便找朋友借了钱，从二手车市场买了一辆最便宜的车。在朋友那里了解了这里的交规，他便开车上路了。不太熟悉的缘故，他开得很慢。

程昊就这样开着车去公司报道了。他是个肯吃苦的人，认定的事情从不给自己退路，从小小的技术员到业务主管，直到成为总经理。

且不说程昊专业技术有多高，但其胆识过人。遇到问题没有畏首畏尾。面对问题，他果断斩掉自己的退路，置身于悬崖上。也正是因为这种退无可退的境地，让他有了更大的精力去拼搏，直至取得成功。

开弓没有回头箭

很多人把生活想得很复杂，做什么事情都瞻前顾后的，总害怕做错了决定，一生后悔。其实生活很简单，无论选择哪条路，都能闯出名堂，主要是看你的态度。当你做出选择后，就不要回头，开弓没有回头箭，即便没有射中靶心，也要有从头再来的勇气。

胡蝶，1983 年出生于陕西，2001 年考入中国传媒大学播音与主持艺术本科。

“大家好，欢迎收看《朝闻天下》，我是主持人胡蝶。”2009 年 7 月 27 日，一张年轻靓丽的新面孔出现在了央视新闻频道早间新闻节目《朝闻天下》的主播台。这个人是谁？如此年轻，她的美貌不输娱乐圈当红明星，仪态端庄大方，这样的女子给人一种耳目一新的感觉。

胡蝶于 2005 年毕业，但放弃了保研机会，成了北京电视台的主持人。仅一年多的时间，胡蝶就可以在新闻栏目中独当一面，北京电视台对这个年轻漂亮的小姑娘很器重。主持过很多大型直播活动，如奥运倒计时两周年等，此时的胡蝶正处于一个上升阶段，照这样发展，有着大好的前程。很多人都预测，胡蝶会成为北京电视台的当家花旦。

胡蝶不是一个安于现状的人，她渴望自我突破，此时，央视第五届主持人大赛开始报名了，胡蝶觉得这是一个改变自我的机会，于是报名参赛了。这是一个漫长且激动人心的比赛，央视的主持人大赛为央视选出了多位优秀的主持人，如刘芳菲、沈冰、撒贝宁等。

此次与胡蝶同台竞技的有5000多人，最后，胡蝶以初赛第一的成绩进入了复赛，连同她一同晋级复赛的有35人。

然而这位24岁的姑娘还不知道正有一个难题在等着她。胡蝶如果继续参赛，北京电视台就有可能失去一名爱将，于是，北京电视台的领导出面，想让胡蝶退出比赛，毕竟培养一个人才不容易。辞职还是退赛？胡蝶问过自己很多次，的确是个艰难的选择。如果辞职，坚持参加比赛，可是，谁能保证一定可以拿冠军？如果发挥失常，未被央视录用，那就要面临失业。就算打败对手，成为冠军也未必会被央视录用。最重要的是，参赛的选手个个出色，激烈的竞争让一切都变成了未知数。如果退赛，就可以坐享北京电视台当家花旦的头衔，而且，中央电视台就在隔壁。可是，就要与这主持界的顶级赛事说再见，以后也不可能有如此机会了。

考虑的过程很痛苦，但胡蝶并没有想太久，她觉得既然入了这一行，就应该经历大赛的磨炼。胡蝶的果断坚毅让她很快做出了决定，毅然辞去了北京电视台的工作，斩断了自己的退路，正如她说的，大不了从头再来。辞去工作的胡蝶更加专注于比赛，她身上背负着沉重的压力，她输不起。半年多的比赛过程，胡蝶经历了很多，比赛结束了，胡蝶成了此次比赛的冠军。

后面的事都比较顺理成章了，她进了中央电视台，一个全国人民都会关注的电视台。从《今日亚洲》到《朝闻天下》胡蝶在成长过程中，也收获了观众的肯定和喜爱，还有人笑谈，说因为胡蝶主持了《朝闻天下》而特意改变了生活习惯，每天都是看了新闻才出门上班的。

当初破釜沉舟的决定改变了她一生的命运。

人生这条路需要面临很多选择，当你面对岔路口时，每一种选择背后都代表了截然不同的未来。生活就是这样，时时充满诱惑，又不透露结局是什么。不要天真地以为你可以对抗这个世界，只要活着就要遵守这个世界的规则，只要活着就要面临选择。一个人如果不明白自己想要的是什么，不想要的是什么，那么，终将一事无成。一个人，苦了、累了，可以哭，但一定要走下去，不能停，当你明确了自己的目标，就不要为自己留后路，看似进入了绝境，实则又是另一番美好天地。

八
必须放弃一些平凡人的快乐

人生要享受孤独

随着社会的发展，越来越多的人开始过着灯红酒绿的生活，夜幕降临，呼朋唤友，酒足饭饱，面色酡红，各自回家，打开门的那一刻，无尽的孤独袭来。很多人因为无法面对这种孤独而选择自我放弃，于是，上演了这样的一幕：这个活动刚结束就迫不及待奔赴下一个活动，看着很忙，似乎别人的饭桌离不开你。其实，不是别人离不开你，而是你离不开别人。追根究底，只是你太怕孤独了。

害怕孤独，就无法战胜内心软弱的自己，遇到事情就会习惯性退缩或是依赖别人，没有了努力的劲儿，还如何去拼搏？或许有人会说："孤独的人没朋友，在社会上会寸步难行。"其实不然，享受孤独的人才是真正的成功者，他们不畏流言，不惧失败，孤独前行。而且，真正努力、有才华的人是受人尊敬的。

和大多数北漂一样，王峰没有体会到家的感觉，走在熙熙攘攘的人群，周遭都是漠视的的目光，孤独感油然而生。道路被枯黄的树叶铺满，走上去松松软软，可是，凋零的凄然，凉风习习，让身为异乡人的王峰倍感孤独。

在京五年，王峰一直勤勤恳恳工作，已经连续三年没回家看父母了。以王峰的年龄，在农村老家已经是孩子的爸爸了，可王峰连女朋友都没有。不是他不够优秀，而是强烈的责任感让他不愿将就。

有些人不理解他，说北京节奏快、消费高、压力大，还不如回老家找个稳定的工作，吃穿不愁，轻松自在。王峰却深深地被北京吸引着，高大的写字楼、带着岁月痕迹的四合院与胡同、穿着正装的上班族……这些都是王峰所向往的。

最初，王峰住的地方，与其说是房子，不如说只是个床位。一个60平方米左右的房子，被房东隔成五个简易的“卧室”，里面只能摆下一张床、一个小柜子，卫生间和厨房都是公用的，即便是这样租金也不便宜。王峰就是在这个一个人转身都困难的房间里开始了在北京的梦想。夜深人静时，他都会将一整天发生的事回想一下，虽然苦，但每天都在进步。

这一住就是三年，三年后王峰换了住处，虽然只有30平方米，但有了私人空间。不管晚上看书到几点都不怕打扰到别人了。王峰就这样一步一步向前走，再累也没有放弃。和他一样的北漂有些经不住诱惑，开始破罐子破摔，早已忘记了当初的梦想。

遇到不顺心的事，王峰就一个人走在北京的大街上，慢慢地走，走累了就坐在路边，看着万家灯火，心也跟着静了下来。王峰知道自己是个平凡的人，可是，他也知道，平凡的人可以将生活过得不平凡。王峰在公司渐渐受到上司的重视，租住的房子也变大了，而且也不用再做月光族了。当其他同事一下班就三五成群去K歌、喝酒时，王峰不是加班就是直接回家，但这并不影响他与同事之间的关系。

王峰开始享受这种孤独，他发现，孤独下他更能冷静下来，思考问题也越来越全面。孤独其实是给了人更多的思考时间。孤独中他也成长了，对自己的未来也有了清醒的认识：人的一生就要永不遏制的奋斗。

繁华世界，人也开始变得浮躁，一些人在追逐梦想的过程中，内心的向往被表面的繁华所覆盖，快节奏的生活让他们不敢停下来，在迷失的路上越走越远。表面的孤独不可怕，可怕的是内心的孤独。

人的一生，痛苦与快乐并存，很多事，在当时或许觉得痛不欲生，但随着时间的流逝，也不过是回忆里的小小风景。虽然我们的身边有亲人，有朋友，有爱人，但人生是残酷的，当深处迷局，能带你走出来的只有自己。

遇到事情，看似有人帮你，可是，真正帮自己的还是自己，繁华背后不应该是消沉，鼓起勇气去生活，无论何时都要保有一颗孤独的心，才能在躁动的社会维持那份宁静。开始奋斗吧！这样你就能成为一个有价值的人。

给自己增加点压力

生活中不乏一些开开心心、没心没肺活着的人，很多人羡慕他们，觉得他们活得没压力。实际上，这样的人生未必就如我们表面看上去的那么幸福。大多数这类人都是在逃避压力，反观那些成大事者，他们反而喜欢压力。

压力会激发进取心，在抗压过程中，能体会到旁人无法体会的充实与快乐。很多人都想轻装上阵，可是，真的可以轻松成事吗？要知道，一艘没有压力的船才是最危险的。所以，当你觉得一身轻时，其实是在走下坡路。

箐箐在一家外贸公司上班，每天面对相同的工作模式，渐渐产生了惰性，有一种得过且过的心态侵蚀着她，没有了往日工作的热情。

曾经的箐箐是个努力向上的青年，大学之前一直是三好学生，上大学后也是学生会干部，每样事情都做得很出色。有时为给学生会做策划，熬通宵是常有的事，同学常说她："为什么给自己那么大的压力？跟我们一起出去唱唱歌、逛逛街多快乐。”箐箐对于同学的生活方式不敢苟同，一直做着别人看来很累的事。

箐箐觉得，她虽然失去唱歌、逛街的时间，但努力的结果让她很满意，不仅锻炼了自己的社会实践能力，也提升了自己的专业技能。

办公室里无精打采的箐箐意识到了问题的严重性，她觉得一定要改变，必须给自己增加点压力。刚好，公司发出一则消息，一周后国外一家公司要来考察，要听一场全英文解说。老板希望员工可以自发报名，很多同事各忙各的，没有要报名的意思。箐箐觉得这是个机会，自己的英文水平不差，只需要再强化就行。箐箐毛遂自荐，拿到了公司的相关资料。

对于解说毫无经验的箐箐刚拿到资料有些茫然无措，可是，她相信，只要努力一定可以完成。老板排开了她手头的工作，让她一心一意准备解说。看着又是埋头查资料，又是锻炼口语的箐箐，有同事过来说：“箐箐，干吗给自己找罪受，好好工作混着就行，你看看，把自己弄得那么累。”箐箐却不以为意，继续准备。

最后，解说很成功，箐箐又一次完成了超越，也因为她出色的解说，为公司带来了一笔大生意，她也因此被提升为总经理助理。在准备的过程中，她发现很多自己的不足，也确定了自己今后努力的方向，她知道，未来的路上还需要为自己加点压，虽然失去了一些休闲时间，但生活更充实了。

没有人不喜欢快乐的生活，人是享乐动物，很多人也奉行“及时行乐”，可是，快乐背后或许隐藏着更大的危机。

社会在进步，人更应该跟上社会的步伐，如果停留在吃老本的状态，享受了当时的快乐，迎来的是更大的痛苦。竞争日趋激烈的今天，不能只顾享受眼前的快乐，为自己增加一些压力，跟着时代进步，才能在社会上立足，适度的压力会让你更加坚韧。虽然会累，会

失去一些自由，但收获的快乐是无穷的。

享受压力

压力，一个让人惧怕的词，要怎么享受？每个人每天都在承受着来自各方面的压力，这难道是坏事吗？其实不然，有压力证明你还活着，而活着一切都有希望。当你感觉不到压力时，其实，你的人生已经毫无意义可言了。

罗浩通过自身努力终于成了一名律师，这是个看似风光实则枯燥的职业，每天都要与那些条款打交道，抓字眼，一点点的小失误都有可能满盘皆输。罗浩擅长打经济类的官司，也是某家大型公司的法律顾问。

律师这一行业不是靠关系或是提携就可以崭露头角的，最重要的还是要看个人能力。罗浩从未放松过对自身的要求，严谨的工作态度让他在业界口碑颇佳。

市里一家公司被控告行贿，据说是某大型公司恶意打压，很多律师都不愿接手，怕得罪这家大型公司。被告公司走投无路的情况下，找到了罗浩。这件事已经在市里传开了，罗浩所在的事务所本打算拒绝。但罗浩说服老板接下了，或许律师偶尔也会感性一下，他觉得被告老板是被冤枉的。有人说，罗浩一定是疯了，才接下这个烫手山芋。对此，罗浩置之不理。

这是一场硬仗，对方有备而来，做足了准备才提出告诉的。罗浩决定接受这个挑战，他开始收集证据，这之中，他还遇到了来历不明的人的攻击，还收到警告信，让他不要插手这件事，可越是这样，越是激发了罗浩内心的正义因子。从这里看，律师也是个高危职业。

他觉得这件事并非想象中那么简单，他开始转为暗中收集证据。眼看就要开庭了，可还是没有收集到有力的证据证明被告无罪。同事为他叹息，觉得他的律师生涯因此而受到重创，认为他不值。可是，罗浩却不这样认为。接手时就知道是个棘手的案子，压力肯定有，但不能成为他逃避的理由。

在罗浩的努力下，终于在开庭前一天找到了证据。官司赢了，罗浩默默走出了审判厅。

有时候人就应该像疯子一样去接受挑战，像疯子一样不屈不挠。但凡成功者都有决心、有毅力，坚信自己一定能成功，他们懂得在困境中找出口。顶住压力，才能解决困难，重压之人，除了享受压力别无他法。在抗争压力时，我们或许会喘不过气来，或许会汗流浃背，可是，当抵达高峰时，就会为自己的“享受压力”而自豪。

承受越多，成长越快

彩票的出现让越来越多的人将希望寄托于它，他们渴望一夜暴富，希望一觉醒来就掌握了某项技能……在浑浑噩噩的等待中，他们忘记了时间，忘记了奋斗。他们不知道，生活是没有捷径的，唯有一步一个脚印，才能走出坚实的成功之路。

很多人都不愿负重前行，觉得累，可是，直到无法回头时，才知道自己为了贪图一时的快乐而丢了什么。

很早之前，曾被一组漫画所吸引，画面是这样的：一群人，每个人身上背着十字架前行。十字架十分沉重，他们的脚步缓慢而艰难。

此时，有一个人被十字架的沉重压得喘不气来，实在坚持不住了，于是，便停下来，将十字架砍掉了一大截。背着断了一截的十字架又走了一段路，可还是觉得沉重，于是又砍掉了一大截。此时，他觉得轻松多了，他边唱着歌边往前走，很快就走在了最前面。走着走着，前面出现了一条很深很宽的深沟，他停了下来，不知该如何渡过。后面负重前行的人陆陆续续赶了上来，拿着庞大的十字架，架在深沟上，轻而易举地走了过去。而之前走在最前面的那个人却因为十字架太短了而无法走过去，只能看着别人越走越远而悔恨不已。

小钢的父母都是音乐老师，小钢在很小的时候就对小提琴产生了浓厚的兴趣。他的爸爸给他请了专业的小提琴老师，小钢也不负重望，小小年纪，小提琴就拉得很出色了。

小钢的童年差不多都是与小提琴一起度过的，周末，当其他小朋友在院子里玩的时候，他的琴声却响彻整个房间。小朋友也曾敲开他的窗户，想邀他一起玩，他的眼睛里有渴望，他也希望可以像同龄的小朋友一样无忧无虑地玩，不用担心一个音符没弹好而挨骂，也不用去研究复杂的乐谱。他想，为什么其他小朋友可以不用学琴，而自己一定要承受这些？

严厉的爸爸却告诉他："此时你如果放弃了，或许会觉得很轻松，可是，你之前的努力就会白费，而且，将来也不会有所作为。一个人，只有承受得越多，成功才会离你更近。"

小钢虽然不太明白爸爸的意思，但他知道，爸爸绝不允许自己出去玩的。日复一日，小钢的小提琴技术越来越好，已经是个很出名的小提琴家了，而且小提琴对他来说也不在那么枯燥了。随着年龄的增大，了解的深入，他把小提琴当成了生命中不可或缺的伙伴。他很感谢爸爸当时的严厉，如果那时没有严格要求自己，是不可能取得这么大的成就的。

承受生活给予的困难是一种磨炼，当你承受得多了，成长也会越快，离成功就会更近。小钢虽然失去了童年的一些乐趣，但收获了更大的成功。在我们成长的过程中，其实每个人都是负重前行，或因为学习，或因为工作，亦或因为情感，很多事的发生我们避无可避，那么，就要学着去承受。

快乐可以缓一缓

常常听人说，要做一个快乐的人。可是，何为快乐的人？每天什么事都不顾，得过且过？很多快乐的人其实都是在混日子，或者对自我要求极低的人。当一个人对自己定下长远目标时，就会为实现它而努力奋斗。

优优和乐乐在一家服装店当导购，两人年纪相仿，相谈甚欢。优优是个沉静且坚强的女孩，乐乐则是个没心没肺，及时行乐的人。

优优是个对待工作很认真的人，她并不是像木头一样，只是站在那里，顾客来了拿下衣服，没人的时候玩下手机。她懂得如何去与顾客沟通，每一位顾客过来，她都会用心去思考，这位顾客的心理，真正的需求，同时记录哪个款、哪种颜色受欢迎。

乐乐还经常取笑她，觉得她多此一举。当优优在做这些工作的时候，乐乐则在一旁与隔壁店员聊天。当店里没客人时，优优就会翻看最新的时装杂志，从中捕捉流行趋势。而乐乐则躲在旁边看自己下载过来的电影，一边看，一边笑。乐乐常说优优不懂得享受，还说：“我们只是个小店员，看那么多杂志也没用，难不成要当模特、设计师？只要保证店里的衣服不被偷就行了。”

三个月后，乐乐辞职了，理由很简单：太枯燥，不但要看人脸色，还常常被投诉扣工资，而且她觉得在这个小地方工作没前途。优优则默默地工作着。

两年后，一位老顾客过来，买完衣服对优优说："小姑娘，我很欣赏你的工作态度，而且，你似乎懂得很多，眼光非常不错。我准备开一家服装公司，想请你加入，当然，除了店长的职位，你是以入股的形式加入，怎么样？"优优接受了，同时开启了另一种人生。

老板的财力加上优优敏锐洞察力和良好的工作态度，这家公司越做越大，不到两年，已经开了三家分店，优优也已经不需要亲自顾店了。30岁出头，优优已经成为一个资产雄厚的小老板。而曾与她一起工作过的乐乐，听朋友说，还在某服装店做店员。

乐乐或许每天都是快乐，遇到开心的事笑，遇到不开心的事想办法让自己笑。从未考虑过去改变自己的生活。这种人生看似轻松，可今后的路会越走越困难。

很多时候，快乐是可以缓一缓的，在最应该努力的年纪去拼搏，不要觉得累，更不要觉得苦，成功者都是这样走过来的。

勤奋改变危机

在这个弱肉强食的世界里，时刻充满了危机，稍有不慎就会被"吃掉"。当你没有过人的天赋，没有强大的背景时，那么，唯有勤奋可以帮你走出危机。

心雨一家生活在城市的角落，父母都是老实巴交的外来务工者，跟这个城市显得格格不入。父亲在一家公司当保安，母亲是个清洁工。两个人虽然没多大文化，却十分重视心雨的教育。他们不希望，心雨将来像他们一样，受人白眼，所以即便城市学费高得吓人，还是将心雨接来了城里上学。

心雨也很争气，学习很用功，成绩一直名列前茅。很快进入了高三，在一次摸底考试结束后，班主任将心雨叫到了办公室。

“你知道你这次考的成绩怎么样吗？你将来的梦想是什么？”一向严厉的班主任气恼地说。

心雨低下头，不敢说话，她知道这次考得不好，可以说非常糟糕。越临近高考，她就越紧张，总害怕辜负父母和老师的期望。她静候着老师的责罚。

“要想成为人上人，就要付出比别人多百倍、千倍的努力和汗水。你要谨记，如果有 100 个考生，只录取 99 个，那么，你要永远把自己当作那个唯一落榜的人。心存危机，要想改变，只有更加勤奋。”班任对心雨家的情况很了解，平时对心雨也是关爱有加，她语重心长的话让心雨很羞愧。

回家的路上，路过父亲所在的公司，寒冬里，父亲双手通红打着手势让前来的客户车辆停好。看到这里，心雨泪眼朦朦。回到家，看到桌上热气腾腾的饭菜，心雨更加愧疚了。母亲工作了一天，还没卸下一身的疲惫，就要给一家人准备饭菜。看着母亲头发隐约可见的银丝，心里针扎般的疼。

进到房间，心雨在书桌上写下了“勤奋”两个字。她要时刻提醒自己，勤奋是改变危机的最佳方法。心雨如同变了一个人，本就努力的她，更加勤奋了。早早起床背英语单词，半夜了还在与数学题较真儿，连放松的方式都是看语文课本。

很快到了足以改变很多人命运的高考了，心雨拒绝了父母请假为她“保驾护航”的要求，她说她要自己一个人面对。心雨的勤奋没有白费，她考上了重点大学，也是自己喜欢的专业，看到录取通知书的那一刻，她哭了，父母也哭。

但心雨知道，这才是人生的开始，今后的路，她会用勤奋和汗水去换取。

相信勤奋的力量，它是无穷的，一分耕耘一分收获，想要不劳而获是不可能的。人生就像是一块肥沃的土壤，你种下什么，就会收获什么。当你播下种子，却对其视而不见，那么，来年将会收获一块荒地。打理好属于自己的那一块地，需要辛勤的付出。只有吃得苦中苦，方可为人上人。

九
拼搏到无能为力，便可以无怨无悔

蚊子的勇气

小雨淅淅沥沥下了一个上午，窗台很快就被打湿了，雨停了，我坐在窗前，看着被雨水冲刷得更加嫩绿的树叶，思绪越飘越远。手中的清茶已经完全冷却，正准备转身，眼睛却被窗外一团小小的、黑黑的身影吸引了。

走上前去，仔细一看，原来是一只蚊子，它很艰难地扒在上面。心里想：难道它要爬上去？这激发了我的兴趣。窗外的小水珠发出晶莹的光，有的顺着玻璃往下掉，一颗碰撞另一颗，很快形成一条痕迹。

蚊子并没有注意到这些小水珠，依旧艰难向上爬，触足完全使不上力。动物的翅膀被打湿后会加重身上的重量，就如背负千斤重的东西，这只小蚊子能够承受得住吗？蚊子似乎并未打算放弃，继续努力前行。费了好大的劲儿才爬出一小段路，可处于上面的小水珠顺流而下，蚊子被冲了下去。一次又一次，重复着一样的动作，我都记不清它被冲下去几次了。再次被冲了下去，蚊子不动了，我以为这次它真的要放弃了。可是，它又一次让我震惊了。它伸出前足，拉着后足，或许之前失败的经历让它总结出了经验，它避开了那些小水珠，弯弯曲曲前行。我想：这完全是无用功，这么做更累。蚊子继续前行，即便艰难也没有停下，才一会儿工夫就爬出了很远。小小的黑影慢慢向上移动，直到我看不见的地方。

蚊子消失在我的视线里，此时，我的心也跟着轻松了。蚊子尚且有如此勇气，何况是人？一个人不管力量有多大，只要有勇气，就会像蚊子一样创造奇迹。

做任何事都需要勇气，每个人都应该为自己的人生负责，当白发苍苍时，可以对自己说今生无悔，那便是美好的人生。有时人生就像下棋，谋定而后动，落子无悔，这需要智慧，同样需要勇气。年轻时，不停歇拼搏，即便失败，也可以从头再来，只为今生无悔。

每天进步一点点

生活中，很多人妄想可以一步登天，就如周星驰《功夫》里演的一样，可以有个人给自己一本武林秘籍，打通任督二脉，成为武林霸主。这现实吗？不要幻想一夜之间可以脱胎换骨，成功是一步一个脚印走出来的。古语云："不积跬步，无以至千里。"每天进步一点点，惊喜是你意想不到的。

喜欢打篮球的人都知道，训练是不能中断的，一点点的松懈都有可能输掉比赛。尤其是国际比赛，输掉的不止是分数，更多的是荣誉。

美国职业篮球联赛是世界上水平最高的篮球赛事，很多世界球星在此成名。1985 年，美国职业篮球联赛，当时的洛杉矶湖人每位球员的球技都达到了顶峰，可以说，冠军之位毫无悬念。可是，决赛中，却被波士顿的凯尔特人队打败。这使教练和球员心里都蒙上了一层阴影。

当时湖人队的教练是派特雷利，高薪聘请来的，他不允许自己的执教生涯再有污点，更不允许自己的球员因此而停滞不前。湖人队进入了低潮期，看着球员们灰败的脸，为了让他们重拾信心，派特雷利说："从今天开始我们每天在各方面进步 1%，大家有没有问题？"听完教练的话，球员们不以为意，1% 太容易了。球员爽快答应了。于是，在每天练习罚球、抢篮板、助攻、抄截、防守时，球员都抱着每天进步 1% 的想法，提高着自己的球技。

1986 年，又一场赛事开始了，湖人队轻松得冠。赛后有人问教练原因，教练说："每个人在五个技术方面各进步 1%，那么，一个球员就是 5%，我们 12 个球员，加起来就是 60%，一个球队一年进步 60%，这是很惊人的。"

每天进步一点点看似没有气魄，没有一夜暴富的惊喜，可是却不无道理，大成功需要日积月累。每天进步一点点，自己潜在的能力也会慢慢被激发，得到充分发挥，今天比昨天有进步，这也是一种成功，这样的人生才更加充实。

成功没有捷径，每天的进步都是在为明天的成功做积累，哪怕只进步 1%，成功也是指日可待。每天进步一点点，这样的目标并不宏大，却需要坚持。水滴石穿，也是这个道理。每天超越昨天的自己，你的每一天都会有新鲜事物进驻。

冲破自己默认的高度

从路人到人人尊敬的人，差别就是谁的理想更高。很多人都给自己设定了一个努力的高度，在人生观、价值观的影响下，每个人设定的高度都不同，进而也影响着人生的道路。

林立出身贫寒，考上了大学，可因家中无力承担，最终他放弃学

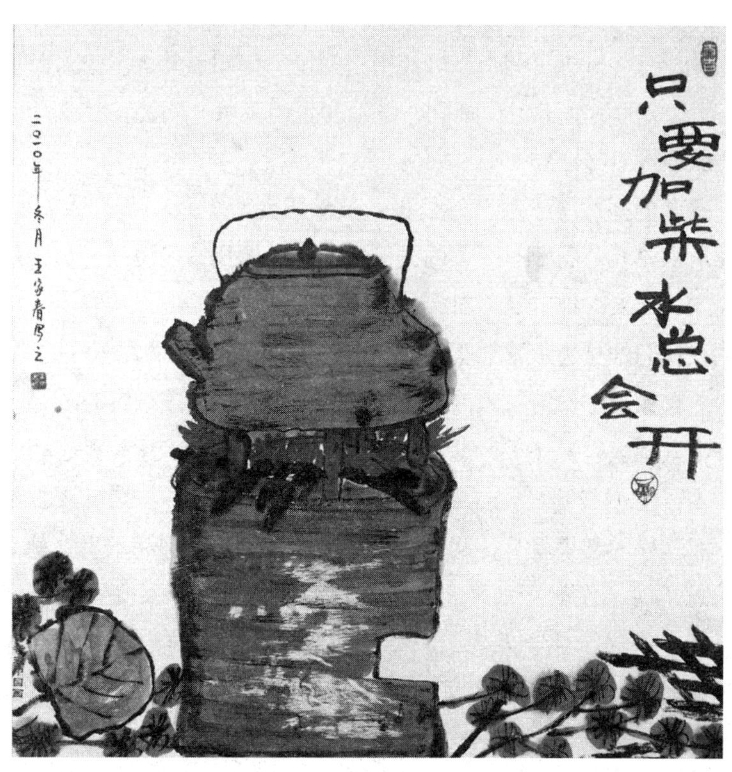

业，换来弟弟上初中的机会。虽然如此，他却志向高远。他的父母是朴实的农民，背上行囊准备外出寻找机会的林立听着父亲的话："孩子，家里穷，供你读完高中就已经很不容易了，家里还有上学的弟弟，到了外面就好好找一份工作，然后努力工作，听领导的话，别让我们失望啊。"望着父母殷勤的样子，林立却说："我不准备靠别人来'养活'自己，我要成为养活别人的人，站在富人堆里，实现我的目标。"父亲虽然很惊讶，但也只认为他是在开玩笑。

虽然没有大学文凭，但他愿意学，他按照自己的思维方式不断努力。工作已经趋于稳定，甚得上司重视。正当上司准备给他升职时，他意外辞职了。一份稳定的工作并不足以支撑他的梦想，上司劝他："年轻人，不要好高骛远，现如今，你一个农村出来的，找一份工作不容易，有一份稳定的工作已经很不错了，你知道外边多少人羡慕你吗？"上司的话并未留住林立，带着同事的奚落、嘲笑，林立开始为自己的理想而努力。

林立创办了属于自己的公司，虽然只有两个人。辛苦是必然的，但他从未放弃，受不了辛苦的员工走了，就再招，慢慢地，员工从两个人到 3 个人、10 个人、50 个人……

在我们的身边常常会听到这样的话："你看谁谁谁，多好的运气，一毕业就找了一份高收入的工作；你看谁谁谁以前连饭都吃不上，现在一个月赚上万元……"这样的话听得多了，便会产生一种思想，认为一辈子有一份稳定的工作就是一件很了不起的事，就应该心满意足，而这样的结果就是，我们变得越来越平庸。当你跳不出这种平常人的思维时，你就会被平庸所束缚。当你抱着"燕雀安知鸿鹄之志哉"的心态时，你会发现，只要不屈服于命运，再宏大的目标也不会觉得可笑。而你也会为了目标不断努力奋斗，直至爬到更高的位置上。

你没有理由逃

小艳从边远的小镇来到大都市上学，她是小镇上唯一考上大学的人，为此小镇上放了一挂长长的鞭炮。带着对未来的憧憬，小艳饶有兴趣地欣赏着车窗外一晃而过的风景。她想着，进入大学后和同学成为朋友；和同学们一起畅想未来；坐在亮堂的教室，听外国人讲课……一切的一切都那么美好。她期盼着火车能快点、再快点，带她进入另一个世界。

带着自信与朝气，小艳如同欢快的鸟儿穿梭于校园林荫小道。小艳渴望与同学们亲近，她总是带着甜美的笑与同学们交流，可是，她渐渐发现，校园生活并没有自己想象的那般美好。别说是班级这个大集体，就连宿舍这个小集体都让小艳觉得难以适应。集体出行时，总会有人冒出来，如开了扩音器般将所有人的声音压下去，而说一些毫无实质意义的话。轮流发言时，总有人会去较真儿，甚至引发争吵，从讨论问题上升到指责、谩骂。有时，明明只是一个小小的误会，却因为解释而越描越黑。小小的举手之劳，却被认为是别有用心……这样的相处让小艳觉得压抑，这并不是她期待中的学校和同学。同学们没有她想象中的热情、温暖，处处彰显着冷漠与孤傲。

半年下来，小艳没有交到一个知心朋友。她一直以为，所有人都如小镇上的乡亲一般纯朴、善良，没有争吵，没有斤斤计较，没有尔虞我诈，没有闲言碎语……不会让人觉得难堪。即便偶有争吵，也只是转身间就会忘得一干二净。可是，她错了。因为来自小镇，不擅言辞，同学们常常会忽略她的提议，很多次在她说话间隙，同学们就迫不及待打断，奚落声此起彼伏。

带着满心的疲惫，小艳坐上火车回家过年。过年的喜气并没有冲淡她的郁闷。她把在学校的事告诉了读书不多却很有智慧的妈妈。妈妈摸着她的头说：“小艳啊，这就好比在森林里，里面有参天大树，也会有低矮灌木；有温顺的小动物，也会有凶猛的野兽……当你走入森林，就算静静地站在那里，也会有小虫子爬上你的裤脚，小鸟也会在你身边盘旋，或许也会有猛兽虎视眈眈盯着你……这时你该怎么办？要想不被骚扰，你就只能跑出去，免受攻击。可是，小艳啊，你要知道，不管是跑到哪里，都会有狂风暴雨。难道你想做一只缩在壳里的乌龟吗？”小艳听着妈妈说的话若有所思，的确，在她从小所认知的世界里人都是单纯、可爱的，当面对不一样的世界时，便会觉得无所适从，不愿看到不想看到的人，宁愿躲起来做缩头乌龟。其实，这不过是自己在逃避罢了。

收拾好心情，过完年，小艳返回学校，一切都能坦然面对了。她继续自己的学业，努力完成定下的奋斗目标，她还是那个纯朴的小艳，只是没有再选择逃避。

生活中，很多事情都会超出我们的想象，当发生的事与我们的预想发生偏差时，就想躲起来。可是漫漫人生路，我们能逃到哪里去？而且，我们也没有理由逃，不能因为面具后的狰狞面孔而拒绝相信世界上还有美好存在。

瘦弱肩膀下的坚强

生活将大多数人打磨得没了脾气，遇到一丁点儿挫折转身就跑，久而久之，便失去了斗志。或许，他们忘记了，自己也曾为了梦想努力过、坚强过。

应聘再一次失败了，看着灰蒙蒙的天，心情也跟着郁闷起来了，真的支撑不住了，好像回家躲在妈妈怀里撒娇。一转头，一个矮小瘦弱，浑身脏兮兮的小男孩一直盯着我。我一阵轻笑，想来是要钱的。虽然我已经捉襟见肘了，但拿出一两枚硬币还是可以的。我摸着裤兜，掏出两枚硬币，站起身递给小男孩："多的我也没有，拿着吧。"小男孩怯怯地说："姐姐，我不是要饭的。"我一时怔住了，看来，我无意间伤害了小男孩的自尊心。可是，他为什么一直盯着我呢。当我触及他的眼神时，才发现，他盯的是我手中即将喝完的矿泉水瓶。明白过来后，拧开盖子，我一饮而尽。将瓶子给了小男孩。小男孩露出白白的牙齿，将瓶子装进袋子里，转身走了。

出于好奇，再加上无事可做，我一直跟着小男孩。天黑前，小男孩回到了"家"。或许不能称之为家，这只是用塑料和木板随意搭建起来的，随时会倒。后来听说，小男孩家里本来挺有钱的，可是妈妈得了心脏病。家中积蓄花得差不多了，可还是没有治好，需要长期吃药。这是个无底洞，爸爸忍受不了，将家中所剩下的积蓄全都拿走了。像消失了一般，再也没有回来过。

妈妈每天以泪洗面，病情日趋严重。七岁的小男孩决定撑起这个家，用稚嫩的话语对妈妈说："妈妈，别担心，以后我养你。"从那以后，他学会了做饭，放学路上或是周末都会上街捡空瓶子、废材料等，换了钱就全交给妈妈，还特别自豪地说："妈妈，这全是我挣的哦，你拿去随便花。"

一年、两年……五年过去了，爸爸始终没有出现，小男孩就用瘦弱的肩膀撑起了一个家，他对妈妈说："妈，我也是男人，可以照顾你。"

听完小男孩的故事，我自惭形秽。小时候，无论是课堂上，还是来自亲人的教育，都说做人要"坚强"。可是，越长大越发现，坚强离自己很远。随着年龄的增长，我们学会了权衡，当逃避可以让自己更加轻松时，为何不选择？明明可以选择轻松的路，谁会"坚强"地挺下去。甚至认为，坚强只不过是无路可走的一种无奈选择。

是什么让我们的心变得越来越市侩？歌舞升平下，我们忘记了自己曾经也无所畏惧过，发誓要勇敢面对生活中的一切苦难。担起自己的责任，不要让孩子有一天用怜悯的目光说，我比你坚强。

十
你就是你的“山”

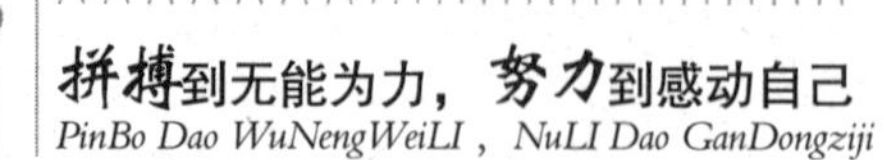

你就是你的奇迹

很多人在做某件事情前，都会有犹豫，因为拿不定主意，要么放弃，要么咨询朋友。其实，当你要做某件事时，只是比你想象的疯狂一点。只要你肯去做，一切皆有可能。

有谁能想象得到，一个盲人可以成为摄影师。很多人或许会嗤之以鼻，盲人怎么可能当摄影师？开玩笑。

可是，有人做到了，他叫谈力，头发长长的，戴着墨镜，阳光、帅气。

谈力毕业于中医学院，后来开了个小诊所，主要是给人推拿。因为医术高明，生意倒也不错。虽然是盲人，但他爱好广泛，还和朋友组建了乐队。一天，小诊所来了一位病人，一来二去，两人很谈得来，成了朋友。一次，两人说到了摄影，谈力说他也想学摄影。刚好那位朋友是位摄影师，当即答应他，要教他摄影，并送了他一台价格昂贵的单反相机。

对于一个正常人来讲，用单反拍出好照片也需要很长时间，何况是个盲人。摄影师朋友一点点教谈力，从快门到光圈，再到对焦……很有耐心，谈力也学得很认真。光圈与快门的转盘都是一格一格的，看得见的人很好调，对于谈力来讲有些困难。谈力想了一个办法，他在对焦环上刻上了标记，相机的固定位置也有标记，这样就好找多了。谈力很自信，也很聪明，很快就掌握了机器的基本操作，朋友就教他取景。第三天，朋友就给了他一卷交卷，他拿着相机走上了大街，开始了摄影之旅。最后36张胶卷可冲印的有19张，这是很了不起的。之后有了第二卷、第三卷……摄影师朋友也会时常带他到户外采风，这对他的摄影很有帮助，加之他的悟性高，摄影技术也是与日俱增。周围的朋友知道后，也会找他拍照，对他也是赞不绝口，说比他们自己拍得好看多了。

摄影师朋友推荐他参加了某摄影比赛，没想到得了优秀奖。当评委得知获奖者是位盲人时，都觉得这简直就是奇迹。

很多人还是对盲人摄影感到不可置信，更难以想象那些优秀的摄影作品出自盲人之手。面对质疑，谈力很坦然，他说，人们之所以怀疑，是因为我所做的事情超出了他们的想象范围。

生活中有很多人不愿相信他们想象范围外的事情，总是习惯性给事情冠以“不可能”，很多事情也是未动手就先否定，不战自败。只要你去做，你就会成为神话，你就是你的奇迹。

不做别人的影子

一个人有多么渴望成功，那么，心里就多害怕面对失败。很多人不明白真正的失败是什么，当他们不断努力去追求，到最后却发现，这根本不是自己想要的。生活中，并不是所有的事情都值得去努力，当你的“想得到”仅仅是因为别人有，而自己没有时，你的努力是毫无意义的。

于是，一些人开始变得焦躁，找不到自己的路。

其实，成功是没有标准的，有人认为月入3000元就是很成功的事了，有人认为生儿育女就是成功的事……不管是哪种成功，只要是为自己，那么都可以算是成功。反观，如果你的成功是建立在别人有，你也想拥有时，你对成功的定义就有待更深一步的了解。因为，你不知道自己是谁，为什么而努力，自己需要的是什么，才会人云亦云，一心想要与别人一样。

"找寻属于自己的完美景致；胸无大志等于对自己行刺；但是宁死，不做别人的影子；定要给历史烙印上自己的名字……"很多人在奋斗的过程中会渐渐迷失自我，他们不知道该如何选择，只是随波逐流，活得越来越不像自己，当发现有哪里不对时，已经做别人的影子很久了。

她，外形靓丽，独立自信，是个很优秀的人，播音主持专业毕业。毕业后经师姐介绍到电视台实习，她是个勤奋的人，实习过程中，虚心向前辈学习。

她长相酷似某一位著名主播，私下里很多人都叫她："小××"，在那位名主播的名字前多加一个"小"字。她并不在意，反而觉得很好，人们更容易记住她。最重要的事，她很崇拜那位名主播，一直想要成为那样的人。于是，她也就随他们去了。

那位名主播要去国外进修，电视台看中了她，想让她来顶替那位名主播。她想：我们不管从气质、长相来看都差不多，只要模仿那位名主播，观众一定会喜欢。于是，她开始研究那位名主播的录像，想要尽量和名主播像一些，一些简单的手势都不放过。这样做也确有成效，她进步很快。

节目播出了，反响还行。观众觉得她清新自然，虽然是新人，但大方沉稳。对于观众的评价，她很高兴。于是更热衷于模仿那位名主播了，从妆容到微表情，再到衣着……有时候，看着镜中的自己，她也会迷茫，明明还是自己，可总感觉哪里不一样了。

一个月后，观众开始对她的节目不买账了。大多数的留言是这样的：没有特色；模仿太明显了，连动作都一样……看到这样的留言，她非常伤心，可又无力反驳，观众说得都是事实。

她开始反省自己，觉得如果再这样下去，肯定会被淘汰的。她开始重新做回自己，抛开那位名主播的影子，真真实实地做自己。当做回自己做节目时，反响很大，观众都说给人耳目一新的感觉。

很多时候，我们都会扩大自己的痛，看到光鲜亮丽的别人，充满羡慕。别人的身体线条、马甲线……都是羡慕的对象。反观自己，在厨房里忙得灰头土脸，像个黄脸婆。于是，为了改变现状也去办了一张健身卡，可到最后发现，自己根本没有时间去健身。此时的怒气自然会转到家人身上，会说：“你看，我就是这么命苦，享受不了别人这些。”很多人就是如此，看似忙碌却无目的，没有真正想要或喜欢的事可做。对自身不满意，想要提升是对的，可如果仅仅是为了别人而改变，那就大错特错了。

找回自己，方能做最好的自己，你的未来也将更加精彩。

我们常说三百六十行，行行出状元。每个人都有适合自己的位置，不要追求那些遥不可及的梦，做真实的自己就可以。成功并不伟大，失败也并不可怕，认清自己，做最好的自己才赢得真正的成功。

把命运掌握在自己手中

人生不如意事十有八九，或许你曾为自己的出身抱怨过，或许你对自己没有漂亮的脸蛋而不满，或许你对自己家庭不满……有的人会自怨自艾、自欺欺人，消沉地面对生活；而有的人既能坦然面对，又欣然接受现实，靠自己的努力拼搏，闯出自己的一片天地。

奇珍就是我认识的这么一位姑娘。

说起来她也是个命苦的孩子，以前也享受着父母的关心呵护。事情还得从她的爷爷奶奶说起，生活在农村的他们一大家子本来就清贫，爷爷奶奶年轻时经常吵架（给她的父亲造成心理阴影，她父亲后来得了神经病），小时候我们依稀记得奇珍父亲在村子里乱跳乱唱的情形“太古西天旺旺……（也不知道什么意思）”我们追着满村子让他跳让他唱。后来她父亲就上吊死了。母亲拉扯他们姊妹俩，偶尔在村子里我会碰到她们母子三人，记得一次我去我家的园子里刚好碰到她们（我主动去问候她们，她们也没有回应，看着他们远去的背影，母亲背着一捆小麦，一前一后两个孩子跟着，心里让人有种说不出的味道）。再后来奇珍母亲也离家出走了，可日子还得继续，而妹妹年龄小，奶奶又年迈，家里的重活累活全是奇珍一个人做。

随着妹妹马上也到了上学的年龄，家里实在没有办法支撑两个学生的费用。奇珍只能辍学跟着同乡人外出打工，由于年龄太小，奇珍没工作太久就被老板发现未成年而辞退。不得已的奇珍只能回家，在邻居的帮助下，奇珍又回到了学校念书，而在当年的中考考了我们学区的第一名。有一次我回家听村里人说“奇珍在我们沟里洗衣服，洗几下就过去看一下书，边洗边看”。我听后真的挺感动。

后来因为工作忙，几年没有回老家，偶然的一次机会回乡探亲，原本下长途车还需要步行几个小时的崎岖小路变成了两车道的水泥路，而运气颇好的我搭载了一位老乡的农运车，跟老乡闲聊村里的变化。说起这个，老乡可来劲儿了，左一个奇珍，右一个奇珍。原来这条路是奇珍为乡亲们修的，不仅如此，奇珍还把村里唯一的学校也翻修了一遍，去年过年回家，更是给每位乡亲带了年货。那个让人敬佩的奇珍初中念完就去南方那边打工，靠着自己的努力和几个同事开了一家卖衣服的网店，由于自己勤奋加上赶上了好时机，网店越开越大，而赚了钱的奇珍也没有忘记帮助过自己的好人。

一张纸，扔在地上就成了废纸，可是，捡起来作画，它就有了价值，然后点燃，就会化为灰烬。一张毫不起眼的纸，就有这么多命运，何况是人。把命运掌握在自己手里，面对干扰、诱惑，要学会拒绝。人生路上，酸甜苦辣，或许你也因为某些事疯狂过、失意过，当时的你是选择奋起直追还是一蹶不振？是把命运交给上天，还是努力去改变命运？

什么是命运？安于现状的人认为命运就是上天安排好的，只要负责接受就好，命运让人失败，就不可违抗。人的命运并非不可逆转，当你选择安逸，不敢挑战命运时，就会成为命运的傀儡，任其摆布。相反，如果你敢于反抗，把命运掌握在自己手中，奋力一搏，往往就会出现逆转，说不定就柳暗花明了。

与其生气，不如争气

生活中有太多的事情出乎我们的意料，有好的，也有坏的，当这些意外触及你的痛处，你是歇斯底里还是转身提升自己？人生有巅峰，就会有低谷，人不可能会一直处于低谷，失败了，不要垂头丧气，一味地抱怨、生气都是没用的，还会让自己失去更多，这样也会让你处于弱者的位置。

他们是大学同学，一毕业就结婚了，婚后两年，没有孩子，恩爱有加，身边的朋友都羡慕不已。他拥有一份不错的工作，在公司备受器重，她婚后就在家养养花，照顾他的日常生活。

一天，她无意中发现了他手机里的暧昧短信，一时间各种心情袭上心头，她用极为复杂的心情给他的情人发了条信息“晚上八点××见。”晚上，她穿着最简单的家居服，素面朝天来到约定地点，她躲在一棵大树后面，看到了一个只有20岁出头的女孩，穿着时下最流行的衣服，化着精致的妆容左顾右盼，没一会儿接了个电话便匆匆走了。

她蹲在地上，看着满地的落叶，心中一片凄凉，眼泪不受控制流了下来。她喝了酒，一晚没回去，第二天一早回到家，他坐在沙发上，一脸的疲惫显示他也一晚没睡。她面无表情地说：“仅此一次，不然离婚。”之后的一个月，他果然每天按时回家，家务活也帮着干。一天，与友人相约逛街，刚好在他单位附近，想约他一起吃午饭，快到他单位时，看到他从单位走了出来，行色匆匆走进对面一家餐厅。靠窗的位置，他和那个女孩谈笑风生。

她转过身不愿再看，耸动的肩膀可以看出她此刻的狼狈与脆弱。她真想冲进去，狠狠地骂他们，可她知道没用，最后受屈辱的只会是自己。抬起头，透过橱窗，她看到一个头发散乱、满脸泪痕的女人，十足的失败者的形象。回想往日种种，她也曾是众人追求的美丽女子，可如今……

回到家，洗去泪痕，开始计划以后的生活，她不再为他而活。早上起床，去公园跑步，吃完早餐回到家，听着音乐，洗完澡，收拾利落后出门，晚上为自己煲一锅美味的养颜汤。她开始练瑜伽，家务请人整理，另外报了一个俄语班，周末还去学习舞蹈。

她的生活变得忙碌起来，这样的变化，他求之不得，他也因此有了更多的自由时间。她充实着自己的生活，就这样，一年过去了，她的气色比结婚前还好，更添了一份成熟美。舞蹈也学得很出色，她已经可以用俄语与外教流利地交流了。这天，她去理了头发，做了美容，晚上将离婚协议书递给了他，提着箱子走出了家门。

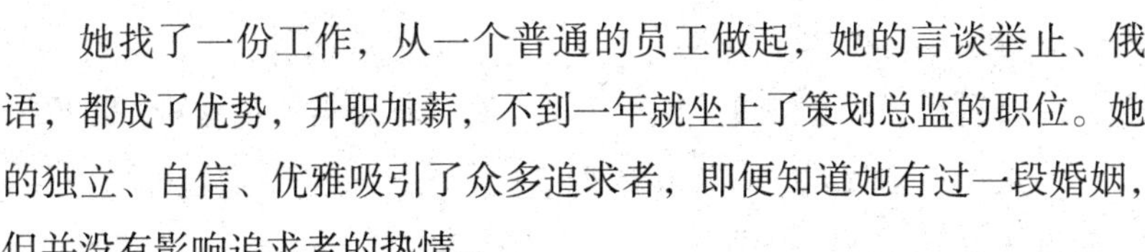

她找了一份工作，从一个普通的员工做起，她的言谈举止、俄语，都成了优势，升职加薪，不到一年就坐上了策划总监的职位。她的独立、自信、优雅吸引了众多追求者，即便知道她有过一段婚姻，但并没有影响追求者的热情。

后来，某一天，在去见客户的路上，她遇见了前夫还有那个女孩，两个人似乎在争吵，女孩甩手转身走了。她冷眼看着这一切，他苦恼又无奈的样子尽收眼底。他也看到了夺目的她，她转身走了，望着优雅的背影，他欲言又止。

就这样，她为自己漂亮地争了一口气。

与其因为别人的过错而生气，不如提升自己，争回一口气。生活

中无论遇到任何事情，如果自己不争气，那么谁也帮不了你。人生路上，总会遇到不顺心的事，伤害无时不在，你不可能永远躲在角落里哭泣。从某一角度讲，你应该感谢伤害你的人，是他们让你更坚强，让你更优秀。

很多时候，我们不是输给了命运，更不是输给了对手，而是输给了自己。被自己打败就是最失败的人生。面对各种磨难，怨天尤人行不通，只会让自己更可怜，正确的办法就是，整理好自己，重新出发，活出最精彩的自己。

选择适合自己的

弱水三千，只取一瓢饮。生活中，有太多的人活得盲目，他们会为了热门行业而选择自己不擅长的领域。还有一些父母打着“一切为了孩子”的旗号安排孩子的一切，忘记了孩子是否适合。最好的未必就是最适合自己的。

芳子很喜欢唱歌，无论走到哪里，总会看到她塞着耳机，摇头晃脑的。芳子如愿考入了一所艺术学校，学习声乐。

芳子的声音属于中低音，当她全情投入唱歌时，很容易打动人。某电视台举办歌唱比赛，芳子毫不犹豫地报了名。一路杀到了决赛。

决赛有 12 个人，芳子不敢放松，想着如何才能取得冠军。为了迎合评委还有大众的口味，决赛时，她风格大变，选择的歌曲与她的声线不太符合，而且难度很高，所以唱起来稍显吃力。毫无意外，芳子被淘汰了，评委对她说：“其实你的声音很好听，可是，你为什么会选这些歌？你知道吗？只有适合自己的才是最好的。”

芳子有些懊恼，但未影响她唱歌的热情。后来再参加比赛，她更加清楚自己的目标在哪儿了。在选择歌曲上更加用心了，选的几首歌都非常适合自己，但风格也不至于太相像。这次，芳子成功了，她成了那次歌唱比赛的第三名。

在这个世界上，每个人都有适合自己的位置。可是，生活中有太多的人选择随波逐流，面对问题，不愿去思考，结果一败涂地。更有些人，因为人云亦云，而将自身的价值埋没了。喜欢的东西不一定就适合自己，同一件衣服，别人穿上去气质倍增，可你穿上去却显得不伦不类。那么，衣服再漂亮也没用。选择适合自己的，你才能做最好的自己。

吃小苦，得大益

利益面前，很多人都只看眼前的利益，为了蝇头小利而放弃更大的机会，亦或者绕过眼前小小的苦难，到后面却吃了大苦头。

师徒两人外出修行，走至荒无人烟之地，都觉得异常疲惫。走着走着，师傅看到路边有一铁块，吩咐徒弟捡起来。可是，累得没一点儿力气的徒弟实在不想再拿任何东西，于是假装没听见，拖着双腿头也不回往前走了。师傅摇摇头，弯腰将铁块捡起来。

终于，他们走到了一个小镇上。徒弟被小镇的繁华所吸引，与师傅相约出发的时间便跑得没影了。师傅将铁块拿到铁匠铺换了 5 个铜板，然后用五个铜板换了 18 个小果子，放在布袋里。

两人继续赶路，茫茫沙漠，烈日炎炎，没有水源。走在前面的师傅转身看到徒弟满头大汗，走走停停。他不动声色将手伸进布袋，拿出一个果子扔在地上。低头走路的徒弟看到地上的果子，高兴地捡起来吃掉。一路上，师傅边走边丢，徒弟边走边沾沾自喜地弯腰捡。

走出沙漠，18 个果子被徒弟捡完了。师傅对着徒弟说："如果你当初弯腰一次，那么，就不会有后面的 18 次弯腰。"徒弟不明所以。

师傅说："我捡起铁块换了 5 个铜板，然后用铜板买了 18 个小果子。摆在面前小小的事都不愿做，那么，后面便会有更多更小的事缠上你。"听完师傅的话，徒弟低下头默不作声。

在我们的生活中有很多像徒弟那样的人，他们无法通过铁块看到更长远的利益，只会想到铁块会增加自己走路的负担，所以，不愿捡起来。而乐此不疲捡小果子，就是因为，小果子给予自己的利益就在眼前。生活中，有很多事情看似在吃苦，实则会为自己带来更大的利益，正所谓苦尽甘来，选择先苦后甜，或是先甜后苦，这完全取决于自己。

带你走出绝境的是自己

生活总是爱捉弄人，在回家的路上童军出了车祸，导致他失去了一条腿，这让原本意气风发的童军一下子失去了活下去的勇气。原本还说得过去的生活变得艰难起来了，因为肇事者逃逸，童军并没有获得任何赔偿。手术费用还是妻子东拼西凑借来的。

出院后的童军还是无法接受突如其来的变故，看着右边空空如也的裤管，悲从心来，童军很绝望，真的想死了算了。可是，看着活泼可爱的女儿，童军的心软了。

一天，女儿回到家说想要学跳舞。女儿从小就爱唱爱跳，之前就有想法想送她去学习跳舞，可是，因为车祸的事就耽误下来了。街坊邻居也夸女儿聪明，舞跳得好。童军抱着女儿，心想，一定要好好培养女儿，让女儿学上舞蹈。

童军去向亲戚借钱，可是，亲戚却说：“你连饭都快吃不上了，还送女儿学什么跳舞？你是不是疯了？”童军没说话，转身走了。

回到家的童军一夜未眠，他想：难道一辈子就这样了？就一直让人瞧不起？

他突然想到，一次去省城的经历，大城市的人似乎对农村散养的土鸡很感兴趣，即便价格是普通鸡的好几倍，还是趋之若鹜。

第二天，童军与妻子商量过后，便去了省城。他顶着烈日一家家门店去跑，其间遭遇了不少白眼，觉得他简直是异想天开，甚至连理他的工夫都没有。童军并没有因此而退缩，他订了一家小旅馆，准备明天继续跑市场。或许是被他的诚心打动了，亦或者仅仅是同情他，有一家经销商决定给他一条出路。说是只要他养的土鸡品质好，养多少就会收购多少。这就好比给童军吃了定心丸，签了合约，童军便回家了。

销路不用担心了，下面就是养殖了。童军先是小规模地养殖，纯放养式的，吃的也是纯杂粮，养出来的土鸡肉质鲜嫩，口感极佳，经销商觉得很不错。第一次合作愉快，童军扩大了养殖规模，因为始终把土鸡的品质放在第一位，童军的销路也越来越好，很多时候都供不应求。每天都能看到童军一瘸一拐地检查土鸡的生长情况，累得满头大汗，他也没一句怨言。童军养殖的土鸡被越来越多的人所熟知，很多人还是外地慕名而来的，都想和他签订长期合同。

童军走出了断腿的阴霾，他付出了常人无法想象的艰辛，他用毅力与努力征服了身边的每一个人。或许他们都是被童军身上的韧劲儿所感动，才愿意伸出手拉他一把的。

或许会有人说童军命好，遇到了愿意相信他的经销商，可是，真的如此吗？一路走来，童军确实也遇到了一些贵人，但真正带他走出绝境的是他自己。不管何时，都不要看轻自己，自救是最稳妥的走出困境的方法。

十一
每一次困难，都是一枚奖章

挫折都是暂时的

很多人对未来充满了希望，这并没有什么错，可当你把未来想象得过于美好时，往往很难承受住它带来的痛苦。人生都是一个坎儿一个坎儿走过来的，当你跨过一个坎儿时，它就是暂时的，当你跨不过去时，它就会成为你人生最大的痛苦。

经历一次挫折，你就离成功更进一步。因为，在挫折中你懂得如何不让事情重蹈覆辙。久而久之，挫折也就转换成了你成功路上的基石。

李彦宏创立了百度，在互联网行业游刃有余，可是，他的人生道路并非顺畅。1991 年李彦宏大学毕业，他想出国深造，可是却遭遇了人生低谷。他大学学的是情报学（信息管理），申请出国很难，毕业前就开始申请，申请了 20 多所学校直到毕业都没有结果，此时李彦宏很失落。要知道，毕业后，如果没有单位，户口是要转回原籍的。本以为申请出国很容易，他已经办理了护照，此时将户口转回原籍，那么，就意味着护照作废了。没办法，他去学校将户口拿了出来，准备先找份工作，实实在在地成了北漂。

找工作的路并不顺畅，那时的机会并不多，而且，他并不打算骗人，每次都说自己要出国，工作并不会长期做。这样下来，很多单位即便爱惜人才也不愿录用一个随时准备出国的人。最后一位学长帮了他，他在学长开的小公司里做起了调研工作。工作很简单，拿着印好的调查问卷，挨家挨户去发，如果愿意答就送支笔，几天之后再来收问卷。收回来后进行统计。工作很枯燥，但并不影响他的工作态度。

在这期间，李彦宏也去过签证处，但结果还是被拒签了。回去继续简单、机械地工作，在工作过程中，他找到了兴趣，觉得挺有意思。问卷、统计、分析、设计问卷等，这些都让他受益匪浅。

多年后，回国创业的他，回想起这段经历，觉得对百度创立搜索引擎营销模式很有帮助。已经走向成功的李彦宏说过这样一段话："人生当中有不同阶段，很多时候你身在其中可能觉得饱受挫折，回头望望自己走过的路，你会发觉，这个世界的广阔是自己很难想象的。作为一个有心人，总是可以为自己积累一些财富，为自己积累一些以后成功的资本。"

很多人都希望自己的人生快乐多一点儿，困苦少一点儿，可是，精彩的人生注定要经历磨难与考验。挫折便是对人生的挑战，这暂时的痛苦熬过去了，便会转换成人生路上的巨大财富。昂起你的头，直面挫折，便会离成功更近一点儿。

机遇来之前请不要放弃努力

很多人都在抱怨自己机遇不好，可是，他们却不知道，不是机遇不光顾，而是他们过早地放弃了努力。运气不是等来的，而是不断用努力换来的。所以，在机遇来之前请不要放弃努力。

他，三岁展现音乐天赋，疼爱他的妈妈用多年积攒下来的钱为他买了一架钢琴，知道钢琴来之不易，他学习时也格外认真，很小就能弹得一手好钢琴。上高中时，突出的艺术气息让他格外受关注，那时的他就确立了自己的音乐梦想。

音乐的突出并没有帮助他考上大学，没有继续读书，他来到了一家餐厅打工。性格内向，不太与人交流，工作上一点儿小小的错误，就会迎来经理的痛批，还会时不时扣他的工资。在这样的环境里，他仍然坚持自己的音乐梦想，所挣的工资大部分都被他用来买音乐资料了。餐厅为了提升格调，配备了钢琴。已经换了几位琴师了，但老板都不太满意，正觉得钢琴是多余时，听到了他一时忍不住而弹奏的钢琴曲。老板很欣喜，他一下子从端盘子的小工成了钢琴师。

有了在公众面前表演的机会，他乐于享受这样的工作。可机遇总会光顾执着于梦想的人，表妹以他的名义报了一档娱乐节目，有一种赶鸭子上架的感觉。性格内向使他无法在人前唱自己谱写的歌，于是找来一位朋友，他则钢琴伴奏。可想而知，两个人的演出很糟糕。情绪有些低落，本打算回去继续弹钢琴。可是，一位唱片公司的老板发现了他的天赋，请他去自己的公司任音乐制作助理。他是个极为认真的人，尤其在面对音乐时。这个职位大多数的时间是在打杂，他在送盒饭之余，他待得最多的地方就是那七平方米的隔音间，在这里他完成很多创作。

然而，接下来却遭到了很大的打击，很多歌手都觉得他的曲风很奇怪，不愿意唱，老板甚至当着他的面将他辛苦创作的歌曲仍进了废纸篓。面对这样的境遇，他也没有放弃，反而更加积极地创作。从那天起，老板每天上班都能在办公桌上看到他新谱的曲子，几天的坚持，打动了老板。老板说："你如果可以在10天内谱写出50首新歌，我就从里面挑10首出来，给你出专辑。"面对突如其来的机会，虽然很激动，但他知道有更重要的事要做。

回去后，他开始了真正的梦想之旅，创作室里，他安安静静、摇头晃脑，手指跟着脑子的旋律轻轻舞动。10天，50首新歌出现在了老板面前。

他的专辑横空出世，很快被抢购一空，震惊了乐坛。他，就是红遍两岸三地的周杰伦。

周杰伦为了这一天努力了近20年，我们有何理由不坚持？生活很现实，也很残酷，命运不会格外关心谁，不会因为你的茫然而手下留情。你需要明白一个道理：当你迷茫时，别人在努力；当你放弃时，别人在坚持……不要怕困难，每一次的困难都是一次成长，人生路上，本就是眼泪与欢笑并存。

把骂声当掌声

在人生的成长过程中，有赞扬声，也会有骂声，很多人在面对骂声时选择默默承受，变得自卑。而有些人则会把骂声当作掌声，不断提醒自己，督促自己，勇往直前。

约翰·格登于1933年出生在英国，很小的时候家人并没有发现他与其他小孩子的差别。可是上学后，出现了一系列的问题，倒数第一名的成绩让约翰·格登被判定为不是上学的料。他的每科成绩都特别差，尤其是理科。

从小约翰·格登就对生物感兴趣，成绩的不理想也无法阻止他对生物学的兴趣。有一个属于自己的小天地——校园一个小角落，这里有他"饲养"的毛毛虫。他每天都会来观察、研究这些毛毛虫，看它们的生长、活动。毛毛虫在他的精心饲养下变得肥大，由绿色变成棕色的硬壳，然后变成蛹，再后来，就是蝴蝶从裂开的蛹壳里出来了。这些都让他惊喜不已。

约翰·格登又一次考了倒数第一，老师知道他对生物学感兴趣，说："你想成为科学家，这样的成绩是远远不够的，简直可以说是荒谬，你连最基本的生物常识都不知道，是根本成不了这方面的专家的。"这样的话深深地刺激了约翰·格登，很郁闷。

即便如此，他也不愿放弃自己的爱好，他将那张考了倒数第一的成绩单保留了下来，压在玻璃下面，每隔一段时间他都会看一看，他要用事实证明老师说的是错误的。岁月流逝，格登本着"笨鸟先飞"的想法，努力学习，这股倔劲儿让他考入了牛津大学。

1958年，也就是格登25岁时，他完成了一项轰动世界的成果：他将蝌蚪中的细胞核完整地提取出来，成功克隆了一只青蛙，因此也有了"克隆教父"之称。

在这之后，格登又做了多项研究，收获颇丰，他已经用行动告诉那位老师，他没有在浪费时间。老师的骂声没有让他消沉，反而更激发了他的潜质。即便已经获得了诺贝尔生理学奖，他依然保留着那张成绩单，一遇到困境，他就会拿出来看看，也就坚持下来了。

把骂声当掌声，排除负面情绪，困难就是老天对自己的历练，挨骂了，哭一下，继续完成未完成的事，心里就坦荡多了。

挫折也是财富

穿梭在自己承包的果园里，王慧晒得黝黑的脸堆满了笑容。明天有厂商要过来收苹果，王慧进园子来检查一下。谁能想到这个朴实的农村妇女已经资产上百万元了？

王慧有一个弟弟、一个妹妹，家庭不堪负重，王慧高中毕业就外出打工了。村里每年都会有人来招工，王慧和村里及周边村的几十个人踏上了开往深圳的火车。都说深圳遍地是黄金，王慧还没来得及体会，便被大巴车拉到了工厂。这是一家制衣厂，王慧是那种大大咧咧的人，对于手工尤其不在行。一开始安排她踩机器，半个月下来，同来的几个人都能熟练掌握，可是，王慧总是返工。她是全组速度最慢且质量最差的。一个月下来被组长骂了好几回。她想，自己可能不是踩机器的料，于是在组长的埋怨声中，王慧离开了工厂。此次挫折，王慧学会了接受埋怨。

出了工厂的王慧在街上“游荡”，生活费、房租已经让她有些吃不消了。她想：必须要赶快找到工作才行。无意间，她看一家制作皮

筋的小作坊在招人。她肯请老板雇用她，半个月后，老板还是辞退了笨手笨脚的王慧，并给她结了工资。拿着钱王慧真诚地道谢。老板说："我辞了你，你不怨我吗？"王慧说："我该感谢您的，是您在我走投无路的时候收留了我。"说完王慧转身走了。这次挫折让王慧学会感恩。

实在没有办法的王慧在一家饭店找到了一份洗碗的工作。看似轻松却需要力气，因为生意不错，盘子、碗会源源不断送过来，一天下来，腰累得不行，可她还是咬牙坚持。半个月后，因为手滑，刚洗完了的一摞盘子全摔在了地上。老板给她结了钱打发她走了。这次挫折教会了她吃苦。

这次王慧没有再去找工作，而是用这半个月工资批发了水果去卖，用一辆破旧的三轮车走街串巷。她能吃苦、懂得感恩、不计较，所以生意还可以。半年下来，已经有了不少积蓄。于是，她租了一个小门面做起了水果批发。五年后，王慧卖掉了门面，拿着钱回乡创业，承包了大片土地，种植起了苹果、桃子等水果。

每经历一次挫折都是人生的一种历练，都会让人对生活多了一层理解。在挫折中，我们可以学会面对，学会宽容，学会思考，也使我们的人生更加健全，趋于成熟，这是一种不可多得的财富。

不要活在“昨天”

生活远没有想象的那么简单和美好，有能力的人应该想着去争取，否则将会带来更长久的痛苦。人生就像一条奔流不息的长河，有激情澎湃的时候，也有静静流淌的时候。当出现起起落落、坎坷曲折时，你当如何去面对？

柳音是个外表柔弱、内心坚强的女子。柳音有着不同寻常的经历，或许就是因为这些经历让她更为坚强吧。柳音创业失败过，被朋友背叛过，被恋人无情伤害过，还面对过亲人的离世……这个瘦弱的女子承担了太多，看似上天对她非常不公平。可是，她从未埋怨过。她反而感谢这些经历，磨炼了她的意志，使她的性格更加坚强。

现如今，柳音经营着一家小公司，业务量不大，每天还有空余的时间给自己充电。可是，最近因为一次投资失误，给公司带来了重创。这些变故并没有击退柳音，她说，这一切或许就是命运的考验，都会过去的。

朋友安慰柳音，劝她干脆卖了公司，找个人嫁了算了。柳音从未想过要依赖任何人，也从未想过要放弃公司。

风波之后，资金短缺，员工的工资发不出来。她让财务做了资金核算，然后召开了全体会议。大致内容就是，公司周转不过来，如果想要走的员工可以当场领了工资走人，如果愿意留下来的，需要等公司渡过了这次难关才行。

会议结束后，有三分之一的员工留了下来，看着一手创办的公司，一下子变得清冷，说不难过是假的。留下的员工大都是从她第一次创业时就跟着她的人。柳音说："非常感谢你们对我的信任，昨天的已经过去，我们向前看，接受上天的再一次考验。"柳音向朋友借了一笔钱，并向银行贷了一部分款，公司开始运作。总结教训，柳音对于决策上的事更为谨慎了。

半年后，公司开始盈利，员工的工资也全额补上了。

不管是工作还是生活中，都会遇到困难，人生不如意之事十之八九，如果一直活在"昨天"，那么拿什么面貌去迎接"明天"？不要因为失败或是一时的过错就郁郁寡欢，努力寻求解决的办法才是正道。

为未来准备礼物

在生活面前，我们学会了面对压力，同时磨炼了我们的意志，它如同一个最称职的监督者，无时无刻不盯着我们的生活态度。当你稍有懈怠，它就会给你当头棒喝。相反，当你认认真真生活，它也会还以微笑。

韩颖，在"文革"期间没有逃过上山下乡的命运，从北京离开，她来到了黑龙江，投身于东北建设兵团。整整 6 年的时光，每天放羊、开荒、搬砖……但韩颖熬了过来。"文革"结束时，韩颖 21 岁了，返城后，她就职于一家石油公司，在里面当修理工。第二年，因为表现突出，被选拔进了公司机关，做起了会计。受母亲是会计师的影响，韩颖其实很喜欢这项工作。

韩颖有着敏锐的洞察力，随着改革开放，韩颖觉得英语是非常重要的。于是在做会计期间，韩颖开始学习英语。当时没条件，根本没有培训机构这样的地方。当时中央广播电台有一个英语教学的节目，于是，她每天抱着一台半导体收音机跟着里面学习英语。

韩颖似乎会预知未来，否则怎么知道公司会需要一个懂英语的会计呢？抓住这个机会，25 岁的韩颖成了总公司的会计。在当时，人们学的大多是苏联会计，可是，韩疑已经意识到西方会计的重要性了。

终于开始授西方会计课了，那年韩颖已经 27 岁了，她报了成人考试开始接受专业培训。在这期间，图书馆是她最常去的地方，她将所有精力都用在了翻阅中英文资料上。她有做笔记的习惯，刚开始只是用中英文并用做笔记，久而久之，笔记密密麻麻的，却很工整。系主任无意间看到了她做的笔记，很吃惊，他没想一个参加成人教育的学生竟这般努力、认真。系主任当即鼓励她，让她编著一本中英文词典。这是个巨大的工程，可韩颖还是接受了建议。

三年时间一晃而过，韩疑牺牲了节假日，终于完成了《英汉汉英会计词典》的初稿，共 140 万字。后经过 6 次校对，才正式出版，此时距初稿完成又过去了 3 年时间。此时，韩颖获得了 3 万元的稿费。

或许很多会说 3 万元实在太少了，的确，与庞大的工作量相比，韩颖所获得的报酬确实与所付出的心血与努力相差甚远。可是，韩颖看到的不是这些，她非常感谢那 3 年的编著时光。正因为这样的经历，她的会计专业水平比研究生的水平都要高出很多。

很多年后，韩颖更加感谢这段经历了。她可以用流利的英语进行演讲，完全取决于这段时间所积累的硬功夫。

韩颖的每一步都是在为自己的未来准备礼物，她不惧改变，每每遇到困难，便迎难而上。难道真的是韩颖有未卜先知的能力？可以卜到英语的重要性？西方会计的重要性？其实，并不是她有未卜先知的能力，而是她善于发现问题，也敢于表达自己的想法，这样的人更容易成功。

这个世界上，没有一成不变的东西，水无常形，人无常态，一切都会在不知不觉中发生改变。所以，在接受改变的同时，也要自己学着去接受、去改变。不要把困难想象得很可怕，那都是你成功路上最亲密的伙伴。当你克服了困难，你就为你的未来集到了宝贵的礼物。

十二 不绝望，就会有希望

活着就有希望

站在寒风呼啸的天台，望着万家灯火，心中凄凉一片。他拿出手机，看了时间，20：35，苦笑一声，再过一分钟或许就是自己的死亡时间。

准备将电话扔出去，刚抬起手，一阵电话铃声让他清醒了不少。他冷哼一声，或许是债主吧，罢了，犹豫了一下，还是按了接听键。“叔叔。”一个女孩子的声音传了过来，透过电话也知道是个极年轻的声音。他呵呵一笑，叔叔？他哪儿来这么大的侄女？他已经身无分文，拿不出钱去打发任何人。

“你认错人了。”他冷漠地说完准备挂电话，他还要去给老天报到呢。

“肯定没有，叔叔，您在哪儿？我只想见您一面，我在您公司对面的咖啡屋等您。”不等女孩儿说完，电话自动挂断了，他看了一下，原来是手机没电了。

他点燃一根烟，或许真的是认错人了吧，一身债务的自己，别人躲还来不及，怎么会有人乱人亲戚？烟燃尽，抛掉烟头，转身下楼，他想，在“走”之前有必要告诉女孩，她认错人了。

咖啡屋离这儿不远，走路也就10分钟，换作以前，他断然是不会走路过去的。咖啡屋人不多，一个女孩安静地坐在靠窗的位置。或许是直觉，他认定就是那个女孩。径直走过去，女孩看到他，露出了灿烂的笑容。他十分肯定，没有见过这个女孩。

“我不记得有你这么一个侄女。”他靠着椅背，漫不经心地说。

“您是做大生意的人，当然不记得了。”女孩低着头有些拘谨地说。

他自嘲地一笑，大生意？见鬼去吧。不是她这通电话，说不定他现在已经见阎王了。

“您还记不记得 ×× 村？”女孩抬起头充满期待地问。

“×× 村？”他陷入了沉思。大概六七年前，他因为公司已经完全上了轨道，于是给自己放了一个大假，一个人背着包旅游去了，其中一站就是 ×× 村。看着眼前的女孩，他努力想着 ×× 村、女孩还有自己可能存在的关系。脑子里依稀存在的画面：一个 12 岁左右的小姑娘，瘦瘦的身躯承受着来自父亲的一顿毒打。那是个落后的村庄，父母打孩子是常有的事，也不会有人出来制止。而他，拦下了即将落下了的竹条。了解到情况，女孩考上了初中，但贫困的家庭别说养一个学生，日常温饱都成问题。可执拗的女孩非要上学，脾气暴躁的父亲便拿起竹条“教训”不听话的女儿。

当年的他，年轻气盛，也有英雄情结，再加上有了自己的公司且发展很好。看着小姑娘无奈又渴望的眼神，他大手一挥：“以后她上学所有的费用我来出。”就这样，他给女孩办了张卡，交代她每年的学费都会给她打过来。他走的时候，小姑娘对他说：“叔叔，这些钱是我借您的，我考上大学了一定还你。”他也没放在心上，对他来讲，这些钱只不过是和客户出去消遣一次的费用。

回去后他就将这件事交给了秘书处理，现在想想，他的秘书倒是称职，这几年都按时将钱汇了出去。

原来，眼前的女孩就是当年的小姑娘。

女孩拿出一个信封，郑重交到他手里。“我承诺过，一定会将钱还给您的，这是我勤工俭学挣来的钱，以后每个月我都会给您送过来，直到把这几年的钱全还上。”女孩说完就走了。

他打开信封，数了数，一共2000元。他想起当年自己可是1000元起家的啊。

他笑笑，“不就是破产吗？不就是一无所有吗？就当作之前就没有过。活着就有希望，不是吗？”他拿着信封走出了咖啡屋，望着车水马龙的街道，霓虹灯下川流不息的人群，他庆幸自己还活着。

因为承受不住失败的痛苦，很多人选择了极端的方式解脱自己，看似一了百了，实则是个彻头彻尾的懦夫。曾看过一个电视剧《笑着活下去》，感动于女主角的乐观、坚强，面对命运的不公，她没有自暴自弃，反而用她的善良感染着身边的每一个人。的确，不管遇到什么事，活下去才是最重要的，活着就有希望。

坏到一定程度会变好

生活总是会给我们设立各种障碍，有人跨不过去，成了障碍的俘虏。在生活的纷扰中，如何让自己抽离其中才是最重要的。生活再坏也要勇敢面对，要相信它终会变好。

萧洁是一家保险公司的推销员，一般情况下都是在外面跑业务，她的业绩并不好，可以说是全公司最差的，业绩与工资是成正比的。微薄的工资仅仅够她一个月的生活费，幸好有房子，省去了房租钱。

萧洁是个可怜的女人，大学毕业后谈了一个男朋友，两人已经到了谈婚论嫁的地步了，可是，在婚礼的前几天，男朋友因为高兴，多喝了点酒，开车回家的路上发生了车祸。两人感情非常好，这一打击让萧洁消沉了好一段日子，或许直到今日，她也没有放下。

刚开始那几天，萧洁将自己锁在房里，不吃不喝，父母哭着求她，她也不开门。直到父亲一气之下将门砸开了，看到毫无血色的女儿，他们悲从中来，要骂的话也咽了回去。母亲趴在床边哭着求她："小洁，你不能丢下我们老两口啊……"或许母亲的哭声唤醒了萧洁，或许知道自己身上的责任还没尽完，萧洁开始了正常的生活，只是变得沉默了。

萧洁慢慢走出了失去男朋友的阴影，她开始积极找工作。可是厄运又一次选择了她，她的父亲被查出患了癌症晚期。对于这个家，对于萧洁来说，这都是无法承受的。萧洁暂缓找工作的事，她带着父亲辗转各大医院，她期待是医院误诊了，可结果让她很无力。

萧洁陪伴父亲走完了最后一程，母女两人相偎在一起，她对母亲说："妈，不用担心，你还有我，一切都会好起来的。"

在保险公司的工作，很多人都劝萧洁辞了，找一份收入高的工作。她只是一笑了之，她觉得随着人们对保险的认识，保险业还是很有市场的。出于对生命的敬畏，世事无常，保险刚好为人们提供了一定的保障，所以，努力做下去，一定会好的。

生活回归了平静，她不再是被父母捧在手心的公主，而要负担起与母亲的一切开销，这个家要靠她支撑，她告诉自己，生活坏到一定程度会变好的，一定。抱着这样的信念，她不抱怨，认真对待自己的工作，她的真诚打动了第一个客户，接着有了第二个客户，直到业绩在公司里遥遥领先。

生活坏到一定程度便无法再坏了，很多事情，只要坚持，再坚持，就会过去了。命运不会偏爱任何人，别人的笑可能是曾经的苦换来的，所以，不要羡慕，更不要埋怨，人生好比一场漫长的对抗，就看谁能坚持的时间长。坚持得越久，获得的成功越大。

相信自己是雄鹰

只有失败者才会去抱怨命运的不公，很多人不敢拼，也不愿去拼，他们也永远不知道自己的潜力有多大。奇迹是为有准备的人而设立的。你相信自己是雄鹰，那么就能翱翔天际。相反，你觉得自己是小鸡，那么只能扑腾着翅膀等待主人的饲料。

一个猎人上山打猎，回家途中捡到了一只奄奄一息的幼鹰，他将幼鹰带回了家，养在了鸡圈里。幼鹰慢慢地恢复了健康，每天与小鸡一起啄食、嬉闹，天黑了，和小鸡一样，自觉到笼里休息。

它一直以为自己是一只鸡。即便它慢慢长大了，羽翼丰满，可是仍然混在鸡圈里。猎人想将幼鹰训练成猎鹰，可是，用了各种办法都无济于事，它已经失去了飞翔的愿望。一天夜里，猎人外出还没回来，鸡圈遭到黄鼠狼入侵。黄鼠狼看到鸡圈里有只鹰，吓得准备跑开。可是，回头看到鹰并没有反应，便大胆地又跑回来了，一连咬死了好几只鸡。鹰非常害怕，跑出了鸡圈，黄鼠狼料定了鹰没有反抗能力，于是，追着鹰不放。直到追至悬崖边。

鹰的前面是黄鼠狼，后面是悬崖，没有了退路，眼看黄鼠狼扑了过来。鹰跳了下去，如石块一般，慌乱之下，鹰张开了翅膀，就这样，鹰飞了起来，一双眼睛仅仅盯着黄鼠狼，扑打着翅膀飞速而来，黄鼠狼成了鹰的腹中餐。

梦想足够吸引人，是因为它需要不断努力才能实现，当你竭尽全力实现梦想时，内心的感动是无以言表的。每个人的身体中都蕴藏着巨大的潜力，理想足够远大，便能激发潜能。生活是任性的，它总是按照自己的意愿安排每一个人的命运。我们无能为力。普通人听命于命运的安排，不甘于平庸的人则选择奋起反抗，于是，他们站在了食物链的顶端。相信自己，没什么改变不了的。一个人可以是平凡的，但绝不能平庸。

隐形的翅膀

每一次都在徘徊孤单中坚强
每一次就算很受伤也不闪泪光
我知道我一直有双隐形的翅膀
带我飞飞过绝望
……

这是一首大家耳熟能详的歌。很多人的一生都会经历困苦，却不知道自己有双隐形的翅膀，可以将自己带离苦难。

康华出生于一个普通家庭，从小他就是一个活泼好动的孩子，喜欢体育，尤其是篮球，对于美职篮的比赛，从未错过。他喜欢在篮球上飞奔的感觉，他梦想可以成为一名职业篮球运动员。

为了离梦想更近，他常常挥汗如雨，练习枯燥的上篮动作，常常疲惫不堪地回家。一想到自己的梦想，他又恢复了往日的神采。可是，天不遂人愿，一次交通意外，让他的腿植入三个钢钉，医生叮嘱他以后都不能做剧烈的运动。对他来说，这就是晴天霹雳，他不得不告别心爱的篮球。

他开始一蹶不振，从他的脸上已经看不到往日为了追逐梦想而眼神发亮的样子了。腿没拆线的日子里，他经常一个人坐在轮椅上发呆，他觉得生活真是糟透了。然后，不经意的一瞥照亮了他今后的人生，为他重新点燃了梦想之灯。

那天，爸爸的朋友带了一个 6 岁左右的小男孩来家里做客，大人间谈话，小孩子有些坐不住，便让小男孩与他一同去玩了。他不愿与小男孩玩，于是寻问之下，给了他几张纸和一支笔让他自己写写画画。小男孩倒也认真，坐在一旁画了起来。他本以为是小孩子的涂鸦之作，走进一看，是个人物头像，与他颇为相似。那一刻，似乎被什么触动了。

小男孩走了，而他也找到了打发时间的事，他开始学习画画，从最简单的开始，慢慢地，竟真的有模有样了。他给父母画的自画像，获得赞声一片。他报了培训班，拿出练习篮球时的拼劲不停地画，学习各种画画技能，再困难也不曾低头。他从来不知道，以前只会打篮球的双手竟能画得一手好画。

有时一天下来，手上、衣服上都是颜料，可是，他却很开心，是画画让他重拾了希望，画出了不一样的人生。

很多人羡慕别人的天赋，其实，天赋也需要努力，否则也如《伤仲永》一样，天赋就慢慢消失了。很多时候，一时的失败不代表一生的绝望，勇士是不会被打垮的。就如歌中唱的一样，其实每个人都有一双隐形的翅膀，在你陷入困苦时，带你飞离绝望，带给你希望。可这需要你用勇气去接纳，去改变，这双翅膀才能带你飞到任何你希望达到的高度。

压力促使人成长

袁玥和姜岑是高中同学，两人都爱好文学，两人考入了不同的大学，但在一个城市，时常抽空见面。两人都没有放弃写作，在大学里都是文学社的骨干，还发表过一些文章。转眼，两人大学毕业了，袁玥的家人让其考了公务员，她回到了县城老家，每天朝九晚五地上班。姜岑在一家公司做文员。

10 年后，同学聚会，袁玥还是公务员，只不过提升为办公室主任了，早已不写东西了。姜岑则成了某杂志社的特约编辑，同时也是自由撰稿人，已经出版 5 本书了。

10 年足以改变很多东西，为何曾经同为文学爱好者，却有着完全不同的境遇？

袁玥走在仕途，一帆风顺，文学对于她来讲只存在于记忆里，10 年过去，已不具任何意义。而姜岑工作不到两年就因为裁员而失业了，老公出轨让她心力交瘁，带着不到两岁的女儿，生活的压力让姜岑觉得生无可恋了。可是，每每看到睡容恬静的女儿，她的心软了。她觉得一定要改变自己的命运。此时，她重拾文学，一开始只给杂志社投一些小短篇，慢慢地，篇幅增加……后来，她试着写小说，一篇、两篇……最终成了一名靠写作为生的作家。

压力之下很多人选择了妥协，躲在角落里自怨自艾，进而放弃了自己原有的梦想。还有一些人，因为安逸的生活，丧失了奋斗的激情，最终成为一个按部就班的人。这样的人生没有波澜，让人觉得压抑。人生应该是不断奋斗的过程，即便生活给了你诸多压力，也不应放弃追逐梦想的脚步。

心境决定处境

一个人的成功并非取决于他多么受上天眷顾，也不是他有多么超群的能力，而是因为，他善于控制自己的心境。即便是狂风暴雨，他们也能看到彩虹。世界如何变都无所谓，最重要的是调整自己的心境。

煤矿塌方，6名矿工被困。一时间，恐惧席卷了这6名矿工的神经。6个人挤在狭小的空间里，伸手不见五指，稀薄的空气已经让他们呼吸变得沉重。离他们不远的地方有个浅浅的水坑，不时会渗出水来，虽然肮脏，但却是生的希望。

在6个人中，有名老矿工，其他5位都是刚来不久，有一个甚至是第一天下井。两天时间过去了，仍然没有等来救援。无边的等待让他们越来越绝望。已经能听到他们一个个开始叹气，似乎在等待着死亡的降临。

此时，老矿工咳嗽一声，开口说道："你们有没有听说过10多年前的那次塌方？"

他们之中有几人听过，当时死了好多人，轰动一时。

老矿工说："你们知道吗，我就是那次塌方的幸存者之一。当时我熬过了8天，没有水，没有吃的……可我熬了过来，你们知道我是如何熬过来的吗？"

那5位矿工很惊讶，纷纷问老矿工是如何熬过来的。

老矿工一直没有回答。他们展开了讨论，有的说是挖蚯蚓吃，有的说找水喝……老矿工还是保持沉默。讨论一直没有停止，从讨论到讲故事，时间不知不觉过去了。除了睡觉，他们都在轮流讲故事，他们忘记了绝望。他们想：有人可以在没有食物、没有水的情况下熬过8天，而且榜样就在我们身边，我们为何还要绝望?

最后，他们终于在第五天被救了上来。虽然身体看上去很虚弱，但脸上却很平静，不像刚刚经历了生死劫的人。

几天之后，几位年轻的矿工去感谢那位老矿工。在他们看来，如果没有老矿工的经验，他们或许已经深埋井底了。他们想知道老矿工是如何一个人在井下度过8天的。老矿工说："其实我并没有经历那次矿难，你们该感谢的是自己，那些故事都是你们讲的，信心也是自己给的……"

原来，那是老矿工虚构出来的，可是，却救了5个年轻人的命。原因其实很简单，曾有人经历过比他们更大的灾难，可是有人挺了过来，而那个人就在他们身边，这样便无形中给他们增加了信心。

很多时候，并不是环境改变了，而是心境变了。或许你真的很惨，但绝对不是最惨的那个，可是，别人却挺了过来，那么，自己为什么要绝望呢？不要把你的思维定在"山穷水尽"中，改变心境就可以改变环境。

你顶不住的时候，痛苦也顶不住了

假如你的人生过半，你最遗憾的是什么？没有对喜欢的人表白？没有争取升职的机会？没有坚持想法却创业？关于遗憾，很多人都有各种各样的解释。其实，遗憾就是明明这一心愿可以实现，却没有去完成。

很多人的放弃念头都是在“扛不住”的那一刻产生，可是，真的扛不住了吗？未必，当你扛不住的时候，其实痛苦也扛不住了，只要咬牙走了过去，便会觉得这条路不过如此。

有一位爱好探险的人因为迷路，万念俱灰，走在时而悬崖峭壁，时而草木丛生的地方，他望天长叹。几天下来，他的干粮越来越少，衣服被汗湿又被吹干，他觉得真是糟糕透了。走啊走，被太阳炙烤的背实在太难受了，累得直不起腰来，他真的觉得自己要跟死神见面了。

他在想：这样的痛苦什么时候才是个头，为什么要在这里忍受这种痛苦，我应该躺在舒服温软的床上，喝着年份久远的红酒……想着想着，更加觉得自己无法忍受这样的痛苦。

他想，干脆死了算了，活着太痛苦了。

他开始寻找死亡机会，他找到了一棵树，上吊？可是左找右找没找到绳子。于是继续前行。走着走着，看到一处峭壁，他往下看，深不见底，是个自杀的好地方，只要张开双臂向前一跃便可摆脱苦难。可是，最后一刹那，他想这样死去会不会更痛苦？摔得头破血流，肯定很疼，万一没死，残疾了更惨。于是，他继续往前走。

路变得平缓了，他看到了公路，他狂奔至公路旁，他知道，他不用再费心去找自杀的地方了，因为他听到了远处卡车的轰鸣声了。

他就这样走出了自认为的绝境，在经历了苦难后，他无好无损地走出了绝境。

很多时候，当你以为扛不的时候，实际上并不是最后时刻，只是你精神上先崩溃了而已，它只是你的幻象罢了，当你坚持走下去，从精神上鼓励自己，即便前面是万丈深渊，你也会想到办法过去。

十三
既要胆大，也要心细

做一只会飞的猪

雷军曾说过这样一句话：“站在台风口，一头猪都能飞起来。”但凡成功者大都懂得借力使力，可是，一只猪飞不飞得起来，除了有台风外，还要找准台风口，否则会摔得很惨。借力除了要胆大外，还要心细，抓住重点，方可取得成功。

一个穷人跑到上帝面前哭诉：“我天天没日没夜干活，可还是吃不饱穿不暖。这个世界太不公平了，富人每天什么也不干却吃好的喝好的，难道穷人就要一辈子吃苦受累吗？”上帝说：“你觉得怎么样才算公平呢？”穷人转着眼珠说：“让富人与我一样，做一样的工，如果富人还是富人，我便不抱怨了。”上帝同意了，并将一位富人变成了与这穷人一样。

上帝各给了他们一座矿山、一把铲子，他们可以将挖出来的煤卖掉换取食物，半年将煤山挖光。

穷人很满意这样的安排，第二天两人便开始挖矿山。穷人干惯了粗活，对于他来讲，挖煤并不会费很大的力气，没一会儿就挖了一车煤。穷人拉着煤到集市上去卖，换来的钱买了很多吃的、穿的。

再来看这位富人，平时很少干重活，挖一会儿就要歇一会儿，累得满头大汗，天快黑了才挖一车煤。将煤拉到集市上卖，他换来了几个馒头充饥，将余钱留了下来。

第二天，鸡还没叫，穷人就起床挖煤去了。富人却去逛集市了，回来时带了两个黑黑壮壮的穷人。富人指着矿山，两个穷人便卖力挖了起来，富人则坐在一边指挥着。

一天又过去了，富人指挥两个穷人挖了好几车的煤。富人将煤卖了又雇了几个穷人，就这样，除去工人的工钱，富人手里的钱比穷人还多好几倍。

一个月后，穷人只挖了矿山一角，每天赚的钱也都吃喝完了。富人则指挥穷人将矿山挖光了，赚了很多钱，然后投资其他生意，很快又成了富人。

富人借助穷人的力量赚了钱，做一只会飞的猪并非易事，就如马云所说的：“猪碰上风也会飞，但是风过去摔死的还是猪。我们要思考怎么把控这个风，怎么去掌握好这个风。”把握好一个度，便可借势而上。

原来成功是可以“借”的，很多人都不愿相信。有这样一道题：一块钱可以买两个桃，用两个桃核可以换一个桃子，那么，当你有一块钱时，你能吃到几个桃？大多数人的回答都是三个桃。可是有个人却吃到了四个桃，他是怎么做到的？他说：“吃完三个桃，手上只剩下一个桃核，这时可以向卖家借一个桃，这样吃完就会有两个桃核了，再把两个桃核给卖家，这就等于还了一个桃。”看似条件不成熟，看似无法做到，但通过“借”的方式却完美解决了。所以，当你身处这样的环境时，要学会借势，借助一切有利因素，让你手中的桃核变成桃子。

用心去做每一件小事

周冉大学还没毕业，暑期想赚点钱，于是应聘了一家公司。很幸运，周冉很快就找到了工作。这家公司培训新员工有些不同，老板拿出以往公司的旧账，让新员工进行梳理。最主要的目的就是锻炼新人的细心与耐心。为期一周，虽然不能理解，但周冉还是领了任务去工作了。

第一天，周冉并未发现任何问题，第二天亦如此。看得眼睛都有些花了，一些前辈过来劝他："小周，不用那么仔细，大致看一下就成。"另一位前辈也过来说："就是，这些旧账不可能出问题的，一目十行就过去了，老板又没盯着你看。"对于前辈的话，周冉只是笑笑。

第三天，周冉拿着账本走进了老板的办公室，10 分钟后，老板笑容满面走出办公室宣布，周冉可以直接上岗了，而且，毕业后随时可以来公司上班。其他员工很纳闷，不明白周冉是怎么做到的，要知道，他们都是熬完了一周才正式上岗的，还有的熬不过去自动放弃的。他怎么才三天就征服了老板，而且许诺长期合同。

老板满足了大家的好奇心。原来周冉在梳理旧时，发现了一处小小的漏洞。周冉害怕自己弄错，还特地多算了几遍，确定自己没错后，周冉去找了老板，并将自己的演算过程给老板看。

面对周冉的心细如尘，老板很赏识。毕竟，这个账本有一些员工也看过，可没一个人指出问题所在。虽然这个漏洞不会对整个账目造

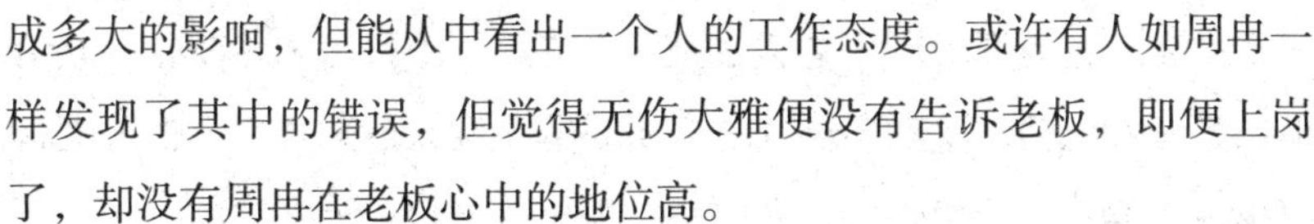

成多大的影响，但能从中看出一个人的工作态度。或许有人如周冉一样发现了其中的错误，但觉得无伤大雅便没有告诉老板，即便上岗了，却没有周冉在老板心中的地位高。

很多人都吵嚷着要做大事，说做大事者不拘泥于小节，可是，往往很多事都毁在了小事上。所以，做任何事都要用心去作，这样会为你迎来更多的机会。

成长路上练就过人胆识

从小酷爱画画的吴立杰期待可以被中央美院录取，将来成为画家。可是，事与愿违，他拿到的是浙江理工大学的通知书，专业是服装设计。本想再复读一年，可贫穷的家庭无力负担他的复读费，在父亲苦口婆心的劝说下，他走进了浙江理工大学的校门，开启了他的服装设计之路。

虽然学的不是自己喜欢的专业，但吴立杰知道，既然选择了，就一定要做好。他认真画每一张草图，专心听每一堂课。吴立杰不是一个循规蹈矩的人，在其他同学埋头画图纸时，他已经在想如何把设计图卖出去。这并不是一件容易的事，尤其是对一个没毕业的大学生而言。但吴立杰没有放弃，大一暑假，他去各服装厂推销自己的设计图。可是一无所获。沮丧没有打退他，他在日记里自我鼓励，这也加大了他的拼搏胆识。

大二开学，他继续学业，参加了一些关于设计的比赛，成绩喜人。这样吴立杰有了底气，他准备主攻一家比较有名气的服装公司，于是，拿着设计图见到了老板。最终，老板从中挑了 8 张图，一共给他结了 400 元钱。这对于吴立杰来讲是非常高兴的。之后，他向老板提出一个要求，他想在这儿做兼职，提出一个 600 元钱。

公司老板很欣赏他的设计，认为不比那些拿着年薪五六十万元的设计师差，于是，毫不犹豫答应了吴立杰的要求，此时，是吴立杰的第一份工作。这样的收获让吴立杰更加大胆，他用同样的方法又征服了 3 家公司。所以说，他同时兼职 4 份工作。按他的算法，月工资已经有 2400 元了，相当可观了。

吴立杰知道，兼职不是长久之计，他还在继续找工作。一次应聘于一家公司，老板给他出了一道题："我们是法国服装品牌，你觉得如何在国内打开市场？"吴立杰没想到老板会问这样的问题，一时之间不知该如何回答。不过老板给他一周时间考虑。

吴立杰回到学校，他是个勤奋的学生，查资料，向老师请教，请同学帮忙，终于将问题解决了。一周后他完美回答了老板的问题且想法大胆，细节方面也回答得头头是道。老板采取了他的方法，并交由他全权负责，很快效果就显现出来了。有一条建议就是制作服装画册，他所兼职的另一家公司也想制作，吴立杰便以市场价的一半给其做了一份。有同学说他傻，有钱不知道赚，但他觉得已经赚很多了。

吴立杰就这样一边上学，一边兼职，忙碌而有激情。此时，他的朋友给他提出了建议：让他开一家为服装品牌服务的设计公司。这是个大胆的建议，对于吴立杰来说，需要足够的勇气才能接受并实施。而一年的兼职生涯锻炼了他的勇气与胆识，大二刚毕业，他就与同学一同创立了公司，他对市场的把控很准确，加之兼职时与那些公司都建立了良好的关系，此时，成了他的长期客户。

吴立杰的公司慢慢崛起，现如今身家上千万元的他，其间也因为某些原因而差点赔得血本无归，不过因为他胆识过人，越挫越勇，走出了低谷。

人的一生是慢慢成长的过程，就吴立杰所说的，成功不过是一个过程罢了，成长才最重要。在这个过程中，会经历磨难、积攒经验、遇到转机……这需要你用过人的胆识去驾驭。

今天做明天的事

很多人羡慕成功者，觉得他们想得远、跑得快，很了不起，其实人和人都是一样的。没有所谓的天才，只不过成功者懂得把握时机，懂得坚持。

有位商人寻亲至某地，他发现当地的玉米秸秆有着很强的柔韧度，他想，如果编织成遮阳帽一定很受欢迎。这种帽子很受国内外人们的欢迎，价格也不低。

商人与村里人商量，让他们编织遮阳帽，并签定了购买协议。村民们觉得很不可思议，这些秸秆平时堆着都没用，一场场雨下来，大多都发霉了。从来不知道这秸秆还有这样的用途，最重要的是商人给的收购价格很高。村民们欢天喜地接受了，商人请来编织遮阳帽的人来传授编织方法。

从冬天到来年夏天，村民们编得热火朝天，家家户户都堆满了遮阳帽，村民们忙着编织，也尝到了甜头，这确实比他们种庄稼的收入要多。和村民们的忙碌相比，英子就显得清闲很多。每天跑到山里玩，一天都见不到踪影。有人劝她："英子，别整天游手好闲的，抓紧时间学习编织帽子，这可是发财的好机会，你看老王家的，全家上阵，编得最多。过两天就又来收帽子了，你说你又是两手空空，像什么样子。"面对村民的话，英子并未多做解释，依旧每天往山里跑。

到了来年秋天，只顾着埋头编织遮阳帽的村民纷纷遇到了难题：他们的土地因为一年无人管而荒废了。玉米无法种，贮存的秸秆也基本用完了。材料都没有了，还怎么编织遮阳帽？

正在此时，英子出来了。村民们发现，英子竟然在山里种了一大片玉米。没办法，村里人只好向英子购买秸秆。就这样，英子轻轻松松赚了一大笔钱。

成大事者都是极有远见之人，普通人想了一两步，他们能想到三四步甚至更多。把目光放长远一些，今天去做明天的事，成功指日可待。就如马云，创办了阿里巴巴，做了淘宝网、支付宝……放在十几年前我们想都不敢想，可是马云却说这些都是他十几年前对今天及未来的看法。成功需要坚持和勇气，用独特的眼光为自己开辟出一条属于自己的康庄大道。

认为是对的，就大胆去做

路是自己走出来的，当你认为自己是对的，那么就坚持去做吧，不要在乎别人的看法，即便失败了，至少努力过。我们经常听到这样的劝语："这样做不行，没前途。""你的想法太奇怪了，肯定无法实施。"很多人就是在这样的言语中放弃自己已经成熟的想法。

她是一个家庭主妇，为了缓解家里的生活压力，她想做一份力所能及的事。主要是她一没特殊技艺，二没有资金支持。苦想几天后，她发现自己最拿手的就是烘焙面包，不如就开一家面包店吧。

她将这一想法告诉做行销的朋友，这位朋友有着丰富的行销经验，了解市场行情，她想从中听取一些意见。而且朋友吃过她做的面包，觉得很好吃。当她把想法告诉朋友时，朋友说："这想法太天真了，这个市场前景并不好。"

听了朋友的话，她很失落，但并不死心。

她转而寻问她的家人，可是，首先反对的就是她的丈夫："一天到晚站在热得要死的烤箱旁，累一天，还不知道能不能赚钱。"

妈妈接着说："你没有做生意的经验，家里的积蓄也不够折腾的，如果血本无归，生活还怎么过？"

接着邻居、朋友知道她的想法后，也劝她放弃，这是根本不会成功的生意。即便是从小和她一起长大的闺密也站出来反对，虽然失落，但她还是想大胆试一试。她排除万难，在众多质疑声中，开了第一家蛋糕烘焙房。

一天下来，她做的面包一个也没卖出去，当天的面包全被她送到福利院去了。带着疲惫的身体回到了家，她想着如何才能吸引更多的客户。第二天，她将做好的面包拿到一个较大的广场，然后让大家免费试吃，这样就吸引了很多人。在试吃过程中，与试吃者进行交流，了解客户的想法，性格温和的她让人很有好感，她也收集了一些信息。活动做了几天，效果不错，渐渐来店里的人多了起来。她并不满足于这样的成绩，她跑了几家公司、学校，用诚意打动了他们，形成了长期合作对象。

面包店慢慢做了起来，规模越来越大，开了好几家分店，丈夫成了她的好帮手。

一个人做事情除了专注，最重要的就是坚持自己的想法，并付诸行动。当你认为自己的想法是正确的，就放手一搏，成功就指日可待了。

十四
美景，总隐藏在森林深处

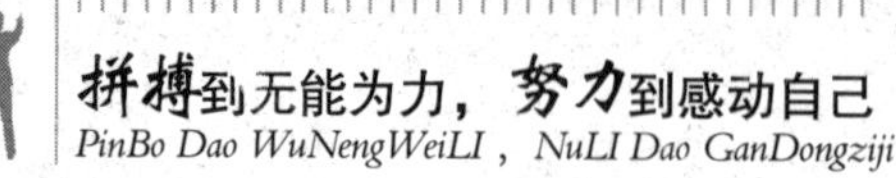

风雨过后总能见彩虹

小玲坐在车上，望着车窗外不断倒退的风景，愁眉苦脸。她准备去谈一项业务，这项业务她已经跟进一个月了，客户的刁难让她一次次带着希望而来，却失望而归。老实说，这次她这次成功的概率也不大，她自己也没抱太大希望。可是，为了那万分之一的概率，她也愿意拼一拼，万一成功了呢。

小玲毕业后就一直在这家公司，刚开始业绩不突出，心理压力挺大。老公工资也不高，两人还要还房贷，双方父母年龄大了，身体也不太好……一桩桩事压在心里，让她更加郁闷，好像身在迷雾中，找不到前方的路。

天阴了下来，就如她的心情一样。到站了，小玲下车，客户的公司还要拐过一条街，看时间还早，她慢慢向前走着。此时，雨哗啦啦地下了起来。没带伞的小玲急忙找地方躲雨，没一会儿的工夫，小玲身上就淋湿了一大半。站在屋檐下，看着顺流而下的雨水，小玲觉得自己真是倒霉透了。就那样看着雨滴，等着雨停。忽然之间，她觉得生活完全看不到希望，就如这雨水，不知道什么时候停，不知道什么时候会下得更大。

雨停了，小玲走出屋檐，走向客户的公司，不经意的一个抬头，小玲看到了一道彩虹，异常清晰。小玲嘴角上扬，拿出手机拍下了这一刻。她的心也跟着明朗起来了，心中的阴霾一扫而光，迈着轻盈的步伐，小玲走进了客户的办公室。

合同谈得非常顺利，当场就签订了。这是一个大单子，足以让小玲在同事们面前扬眉吐气。

掩饰不住内心的欣喜，走出客户办公楼，小玲就迫不及待给老公打了电话，将喜悦第一时间分享给老公。她想，如果今天没有过来，那业务很有可能就泡汤了。看着被雨水冲刷过的天空、街道、树木……明净、清爽，忽然就想到了一句话：风雨过后总能见彩虹。

人生有太多的意想不到，当困扰冲击你的生活时，要相信，一切都会过去的。人生就是这样，经历过磨难，光明终将到来。不管生活给予你多少压力、阻碍，都不要提前放弃，坚持下去终会成功，便会对人生有另一番感悟。

生活没有绝境

生活中常常会听到这样一些话“生活太苦了，我支撑不住了。”“怎么付出了那么多，还是没结果？”“我的前面就是绝境”……其实，生活中没有所谓的绝境，只不过是一些人为自己寻找逃避的理由，把责任推到天意上。

“我真的快要撑不下去了。”

“怎么了？”

“还能怎么了？我们老板真是个变态，一个策划案让我返工了5次了，还是不满意。你说我怎么那么倒霉，遇到这么难伺候的老板啊。”

“嘿，就这事啊，还以为什么大不了的事呢。”

“这样还小？我感觉我是前路渺茫啊。”

“怎么会，说不定再写一次就过了呢。”

“我已经不抱任何希望了，觉得自己进了绝境了。”

“你这就叫绝境啊？你还没遇到真正的绝境呢？我们单位来了一个新同事，听他们说，家里以前挺有钱的，可是她爸爸因为某些原因被判了几年，她妈妈受不打击自杀了，树倒猢狲散，她的亲戚朋友都躲得远远的，连她未婚夫也消失不见了。”

“那她不得崩溃啊？要是我早找地方哭去了，还有心思上班？那她上班怎么样，是不是每天摆着一副苦大仇深的脸？”

“哪儿啊，人家好着呢。业务水平连我们老板都赞不绝口，在开会时还当众表扬了她。客户也说她能力不错，点名让她负责业务的后续事宜。”

“那她确实挺厉害的。”

“所以说，生活没有绝境，总有人比你活得辛苦。你认为的绝境只不过是人生道路上一个小小的坎儿，也或许是压力遮住了你的眼睛，让你暂时看不到前路。只要静下心来，迎接挑战，就一定能走出你

所谓的绝境。”

这是两个闺密之间的对话。

生活没有绝境，只是看你愿不愿意去做。生活中难免会遇到一些让人不顺心的事，当你觉得失去一切的时候，你应该庆幸你还活着。

在这个世界上，根本没有绝境，只有对生活绝望的人。很多人常常被眼前的困难吓退，在脑子里自顾自编辑了一出故事，而自己又会被这故事所吓倒，然后，为了躲避危险而提前放弃。有些人还会为自己提前离开的先见之明而窃窃自喜，可是，不久的将来，回顾起来却发现事情并没有想象的那么严重，当时的绝境只不过是杜撰出来的。所以，不管身处何种境地，都不要放弃希望，坚持下去，就会看到不一样的风景。

今天，我是否竭尽全力了

“今天，我是否竭尽全力了？”有谁这样问过自己？有谁将每一天当作最后一天来努力生活？又有谁把努力当作最平常的事来做？很少，真的太少了。在大多数人的世界里，努力就意味着吃苦，意味着累。所以，他们宁愿待在房间里发呆，宁愿看着毫无意义的肥皂剧，也不愿走出去，为自己努力一把。故而，也一直未能取得成就，这是人生的失败。

有一个人非常喜欢表演，尤其喜欢话剧，即便是一个小小的角色，他都认真揣摩，但他一直是个济济无名的小演员。可这并不能打消他对话剧的喜爱。一次，他参演一部话剧，他对自己的表演非常有信心，这也是他花了心思研究出来的呈现方式。可是，观众似乎并不感兴趣。

第一次演出，上座率只有百分之四十，中途还有离场的。再后来，观众越来越少。在没办法的情况下，将这出话剧移到了小剧院里。这个小剧院偏僻又廉价，前来看的观众更是少之又少。门票收入的减少，让演员的工资也严重缩水。一种消极的情绪一时间席卷了这个团队，演员们开始抱怨，觉得前路渺茫。他们开始懈怠工作，在表演的时候也没以前用心了，有些甚至做好了离开剧院的准备。

可是，他似乎并没有受影响。观众的减少、团员的情绪……这些都无法与他热爱的话剧比。只要有时间，他就会与演员们探讨表演技巧，想着如何表演才能更加到位。有些演员看到他这样，便讥笑他说："我们都快连面包都吃不起了，谁还有心情和你探讨表演？"演员们都把他当成了一个无聊的人，演员们的冷嘲热讽没有影响他的积极性，他仍旧将满腔热情投入表演当中。

某一天，他一如往日，在其他演员敷衍表演时，依然全情投入表演中。表演结束，坐在最前排的一位观众起身，热情地鼓掌。他本以为这只是一个普通的观众，可是，那位观众走上台握住了他的手，进行了一番自我介绍。原来这位观众是一名大导演，很欣赏他的表演，在观察了一段时间后，也被他的敬业精神所折服。这位导演当即邀请他主演他拍摄的一部电影。

他从此走上了一条不一样的道路，成了观众喜爱的电影明星。这个人就是帕特·奥布瑞恩。

很多人对自己的现状不满意，可是，除了抱怨就是消极对待，从未想过如何去改变，也从未问过自己，今天，是否竭尽全力了？我们今天所走的每一步并非毫无意义，这是在为我们的明天埋下伏笔。你努力了，明天就有可能成功。

距你一步之遥的成功

很多人说，成功离自己很远很远，连想都不敢想，说自己没那命，也没那运气。其实，成功不会青睐任何一个人，它只垂青不断向上攀登的人。你的努力坚持了多久，获得的成功就有多大。

方岩坐在自家小院里，望着大门口，目光呆滞，神情落寞。

他讲起了他的故事：他高考落榜后，没有复读，也没有外出打工。脑子还算灵活的他，立誓要闯出一片天来。他瞅准蔬菜批发赚钱，于是做了塑料大棚，种起了蔬菜。第一年也赚到了钱，可是，第二年先是总遇上雨水天，后又遇上罕见的冰雹，眼看就可以拉出去卖了，却被砸得一塌糊涂。他觉得这是靠天吃饭的，容易赔本，就转行养起了猪。但是，因为缺乏经验，也不懂喂养技术，没多长时间，猪就死了四分之一，让他又气又急。心想：等这些猪卖了就不干了，太难养了。

此时，他又看到石油价格飞涨，于是便与人合伙开了一个工厂，主要是废旧机油回收提炼。投资之前他是做了深入市场调查的，很多人都是一年回本，两年就可以赚几十万元。就在他坐等收钱的时候，上天给他开了个玩笑，油价下跌了，而且下跌得很厉害。辛苦回收的废旧机油在提炼过后竟不如收购价。苦撑半年之后，他还是放弃了，资金也差不多赔光了。

几年下来，不但没有折腾成功，反而欠了很多债。有人问他："油价不是很快就涨回去了吗？而且一直没跌下来。"他摇头叹息，一副悔不当初的样子说："唉，别提了，我撤了资，我那合伙人开始一个人搞，没想到一到人家手里，油价就开始上涨了，唉，还是我没那命啊。"

后来才知道，当初和他一起做蔬菜生意的老乡已经成了远近闻名的蔬菜批发大户。同期和他一起养猪的人也发了财。

你们知道他失败的原因在哪儿吗？做什么事都浅尝辄止，一点儿小小的挫折就选择放弃。如果总是这山望着那山高，是很难取得成功的。要知道，一个人是无法同时追两只兔子的。朝着一个方向努力，就会离目标越来越近。不然，不管你走多快，反而离终点越来越远，终将一事无成。

不要在距成功一步之遥的地方选择放弃，成功没有秘诀，唯有坚持不懈！

九死一生的勇气

年少时，我们一门心思往前冲，随着年龄的增长，我们退缩了，没有斗志昂扬，只是躲在小角落回味曾经的自己有多么"英雄"。人生任何阶段都需要奋斗，要有屡败屡战、愈挫愈勇的勇气。

段奕宏，一个从新疆伊宁走出来的影帝，一个用演技和实力征服观众的演员，他用自己的方式演绎着属于自己的不一样的星途。而他如今的光环是他无数次的失败换来的。

20 世纪 90 年代，交通还不发达，17 岁的段奕宏坐了 20 个小时的汽车，然后又坐了 78 个小时的汽车，才从遥远的天山来到了北京，其中的艰辛或许只有自己能体会得到。而这样做的目的只是为了争取一个考试名额。

上天或许还要考验一下这个小伙子，即便跨越千里，也没让他一举拿下考试。他在一试就被刷下了。失落的他就在天安门广场坐了一晚上，第二天回家。一年后，他卷土重来，可是，被卡在了二试，当时很多考官看都没看他表演，甚至被考官无情地打击："你别再来，就你那长相首先就不过关，怎么努力都是考不上的。"

转眼又一年了，他犹豫着要不要考，一次次无情的打击，确实让他有些心里没底，失败的阴影笼罩着他，考与不考，很难抉择。考虑了几天，他终于下定决心，再考一次。他想，九死还一生呢，这才失败两次，还有的是机会。于是鼓足勇气，毅然决然走入了考场。第三次考试终于过了，他成了中央戏剧学院的一名学生。

大学生活伴随他的不是满足与风光。因为出生偏远地区，对于外面的世界知之甚少，尤其是首都这个大城市，一切都让他觉得陌生，这让他的自卑感油然而生。看着班上其他同学拿着自己的照片去推销自己，然后得到演出的机会，不羡慕是假的。他也跑过剧组，可一看他长相，连理都不理他，哪怕是一个小角色都没争取到，个中滋味也只有他最清楚。

此时的段奕宏已经意识到，不能靠外形来谋生，要另辟蹊径。为此，他付出了比别人更多的时间与精力，他的每一次作业都力求完美。在其他同学谈论某剧组的见闻时，他只是在一旁静静地听。

段奕宏是个认死理的人，认准的事情是很难再去改变的，就如当初考中央戏剧学院，就是因为有一个人说他有表演的天分，所以，他就踏上了开往北京的列车。

通过努力演了几个角色后，还是没有找到踏实的感觉。此时，他开始接演话剧，在这里，他觉得自己的能力和价值得到了肯定。这段时期，他一直处于不温不火的状态，也正在这个阶段磨炼了他的意志，让他更加淡然了。用他的话说，就是习惯了，都能忍受。

他不停琢磨如何让角色更加鲜活，他开始看书、看经典电影……想要通过角色来实现自我价值。在沉寂与平淡中，段奕宏一步一个脚印，用心去演每一个角色，哪怕是微不足道的角色，他也认真对待，用满腔的激情去迎接。10年龙套生涯终于迎来了转折，《士兵突击》如一颗深水炸弹，在平静的湖水中掀起轩然大波。电视剧火了，人们也记住了袁朗。之后，《我的团长我的团》，段奕宏的演艺生涯进入了顶峰。

红得发紫的段奕宏并没有因此而自我膨胀，而是以沉着、坦然的心面对成名后的自己。

一股不服输的劲儿让段奕宏从一个跑龙套无人问津的小演员站在了影帝的领奖台上，或许他也曾迷茫过，怀疑过自己的选择，但没有放弃，所以有了今天绚烂的人生。面对命运给你设置的障碍，要有九死一生的勇气，重整旗鼓，便可东山再起，成功总是隐藏在森林深处的。如果被森林外围或中途的猛兽吓退，那么，永远也看不到森林深入的繁花似锦。

十五
要么成狼，要么成羊

对手比你更紧张

在草原生活的朋友对狼都很熟悉，在与狼的较量中，他们也总结出了一条克狼致胜的方法——狭路相逢勇者胜。

狼远比人想象的聪明，可是再聪明也会被人看穿它的意图。与狼相遇，无论你有多恐惧，也要挺住，千万不要紧张，狠狠盯着它。不要让狼看出你的紧张，其实，它比你还紧张。当你盯住它不放，你就胜利了。

他从小就学习围棋，心思缜密，小小年纪就是个围棋高手，某天，他代表市里参加省里举办的围棋大赛，一路过五关斩六将，杀进了决赛。到了冠亚军角逐，虽然他一再提醒自己不紧张，从容面对，可是，当真正坐下来时，他还是紧张了，手心不停冒汗。

盯着棋盘，落子也开始犹豫不决，也出现了很多低级错误，他的老师在一旁急得直冒汗，可又无能无力。本以为与冠军失之交臂了，可出现了逆转，他最后拿下了冠军之位。

事后老师问他这么短的时间是如何调整的，他说，比赛到中间时，真的已经绝望了，都想直接认输了。后来不经意的抬头，他发现对手似乎比他更紧张，对手的眼睛里写满了不安、慌乱。此时，他知道，对手远比他更紧张。

所以，接下来的比赛中，他重新调整，专注于棋盘，落子也变得稳、准、狠，虽然艰难，但还是赢得了比赛。

很多时候，成功就是这么简单。在困难面前快要支撑不住时，不妨想一想，对手也好不到哪里去，这样就有了坚持的动力。

多疑失先机

再强大的人也有害怕的东西，在我们的生活中，有太多我们不了解的事物。当不了解时，就会产生怀疑，而怀疑会让我们失去先机。很多人都是抱着“小心驶得万年船”的心理过生活，不断提醒自己：小心、小心、再小心。说实话，这样活着很累。在你小心思索的时候，你已经错过了最佳时机。

《三国演义》中有这样一则故事：司马懿出兵，街亭失守，借着这股势头，司马懿挥军15万准备进攻诸葛亮所在的西城。此时的诸葛亮身边只有一群文官，无大将可用。所带领的5万兵也分出一半去运粮草了。区区2.5万人怎么可能抵挡得了司马懿的15万大军？眼看着要兵临城下了，众人大惊失色。诸葛亮不紧不慢地说：“少安毋躁，我有办法让其退兵。”

诸葛亮让士兵原地不动，并将四个城门都打开，对此，很多人不理解，问他：“这是直接投降吗？让敌人直接进城？”诸葛亮没有过多解释。他又让20名战士装成老百姓的样子扫街，在街上闲逛。然后，诸葛亮领着两个书童来到城楼，坐下后，燃起香开始弹琴。

一切准备就绪，司马懿的先头部队也到了城下。见此形势，都不敢妄动。回禀司马懿，他也觉得奇怪，骑马前来观看，的确看到诸葛亮在城楼弹琴，笑容可掬。城门里外，老百姓低头扫街，完全没有如临大敌的危机感。司马懿生性多疑，觉得诸葛亮肯定下了埋伏等着自己送上门。于是，不理会其子的劝告，撤了兵。

虽然常说，做什么事情小心为上，可如果过于小心，疑神疑鬼，草木皆兵，失败也就在所难免了。

把握时机，一击即中

有这样一道题：在没有桥、没有船的情况下，一条毛毛虫如何到河对岸去？答案是：等毛毛虫变成蝴蝶就可以轻而易举地飞过去了。其实答案有些出人意料，但又在情理之中。困难面前，以为难以克服，很多人便选择转身。其实，只要耐心等待，想办法去充实自己，就能找到到达彼岸的方法。就像毛毛虫过河一样，时机到了，变成蝴蝶，便飞了过去。

我和她同在一家公司，因为是老乡的关系，俩人走得比较近，一起吃饭，一起下班。她是个很有计划性的女孩，而我则是个随遇而安的人。

公司要从内部提拔两个人任区域组长，需要经过考核。她跑过来跟我说：“我们一起报名吧？”我们进公司有两年时间了，达到考核要求，可是，我觉得自己不行。所以对她说：“我就算了吧，要是没考过多丢人啊。”于是，她一个人去报名了，结果成了组长之一。其实，我们俩业务能力差不多。

有一天，她跑过来对我说：“我们一起去学习英语吧？”我兴致缺缺，觉得学了也没用，根本用不上。于是，她一个人报了英语培训班。

很长一段时间后，公司要接待一个外国客人，翻译刚好有事，上司急得团团转。此时，她站出来说自己会说英语，上司喜出望外。结果，她出色的翻译让上司很满意，很快就提升了。

这样的事情有很多，她总能抓住时机，适时展现自己，为自己迎来更大的机会。而我总是守着自己的一隅天地，让机会白白溜走。回头想想，后悔晚矣。

机不可失，时不再来。对于每个人来讲，机会都是平等的，只看你如何把握了。人生路上，机遇无处不在，不善把握，时机便与你擦肩而过。善于把握时机的人，就如在成功路上增加了垫脚石。时机不等人，要想给人生带来惊喜，就要去善于抓住时机。

把握时机是走向成功的必经之路，有位哲人曾说："人生成功的秘诀是当好机会来临时，立刻抓住它。"同一件事情，会做的人有很多，但真正敢做的没有几人。当你失了先机，一切都会前功尽弃。

战胜恐惧

在生活中，很多时候我们的恐惧都是无中生有的。你最害怕什么？是疾病？是失恋？还是死亡？我们常常会为了没有发生的事而恐惧，也会为发生过的事情而恐惧，其实都是没必要的。

任恐惧发展下去，便会带来比恐惧更可怕的后果。恐惧面前有人选择不管不问，让恐惧纠缠自己一生。有人则选择战胜恐惧。

他对贫穷有着深深的恐惧。原本他生活在一个小康家庭，父母是做小生意的，可是被人骗了，生意做不下去，还欠了很多钱。不得已，他们搬离了原来的家。后来，他开始害怕上学，不是因为成绩不好，也不是因为与同学有矛盾，而是害怕交学费。每次交学费，他都

不敢张口问父母要。债主堵门的场景他也见过几次，债主的叫骂声，粗鲁的砸东西声，都让他感到恐惧。在这样的环境下，他更不愿意问父母要钱了。

有时搬家，债主找不到，便会到学校去堵他，这让他极为难堪，觉得内心深处最不愿示人的东西被赤裸裸地昭告天下。贫穷让他难堪，贫穷成了他无法抹去的梦魇。对于年少的他还不知如何摆脱这种心理，所以，当同学谈论他的家庭时，他就大打出手。他开始变得多疑、怯懦，朋友也越来越少。

终于，他考上了一所大学，离开了了解他家庭的地方，他觉得世界是如此美好。在这里，没人知道他是贫穷的，更没人知道他怯懦的过去，他认为他又找到了尊严。他用父母辛苦赚来的钱大方请同学们吃饭，自己买衣服也是买名牌，他沉醉于虚荣带来的快乐。他的挥霍无度使父母的生活更加拮据。一次，他回家无意间看到，母亲在吃着盐水煮面条，碗里除了面条什么也没有。他背过身，眼泪流了出来。他知道父母的付出，也知道父母为了自己受了很大的苦。可是一想到又要回到从前在同学们面前展现的窘迫的日子，他就害怕。

对贫穷的恐惧已经超出了他的想象，在学校里，他继续用言语和行动维护自己的“富裕”。可是，泡泡再美丽也会破碎。因无力承担学费，他无奈退学了。贫穷再一次侵袭着他的神经，他不愿面对，回到家很少出门，每天吃了睡，睡了吃，以此来逃避。

他也知道这不是长久之计，当他想要为家庭分担些的时候，却患了很严重的胃病，疼起来如刀绞一般。此时，他意识到，即便现在死去，也没人会在意，必须自己站起来。

病好了，再面对贫穷时他变得坦然了，他开始寻找工作，面对别人轻视的目光也不会再充满敌意了，他努力改变现状，抓住一切机会改变。多年过去了，债务终于还清了，他的生活也发生了改变，抬头望天，更蓝了。

当你没勇气去面对某件事时，就会产生恐惧。其实，当你恐惧某件事情时，可以将其暴露出来，心理学上称为“暴露疗法”。比如说，害怕与人交流，那么就提醒自己大声与人说话，可以从最简单的问候开始。再比如，害怕虫子，那么可以养几条虫子，天天面对，久而久之就不怕了。当你直面恐惧时，它也就没那么可怕了。正如罗斯福所说的：“我认为克服恐惧最好的办法理应是：面对内心所恐惧的事情，勇往直前地去做，直到成功为止。”

狼和羊的区别就在于，狼不害怕外敌入侵，而羊只会固守羊圈。战胜恐惧，勇往直前，最坏的结果不过是失败，而失败也仅仅说明这条路不通。只要永不停歇地追求，总会让你找到一条通往成功的路。恐惧只是内心的一种障碍，它只是纸老虎，放大胆，一捅就破。

告诉自己：我能行

没有谁愿意对自己下狠手，每天活在自己的小窝里，两耳不闻窗外事，难道真的可以让自己远离痛苦吗？很多时候，人们忘了前行的道路，离成功越来越远，就是因为不愿对自己狠一点。不是自己不行，而是你忘了告诉自己，你能行。

尼可因为小时候的一场事故说话开始变得结巴，他的妈妈鼓励他多说话，可是，与人对话，他的手就会纠成一团，脸红得如煮熟的龙虾。嘴唇紧抿，似是承受了很大的痛苦。尤其是看到对方的轻笑，他觉得窘迫至极。他变得越来越不爱说话了。

就这样，过了几年，尼可的结巴还是没有好转，反而有变坏的倾向。在人前出丑，他似乎已觉得无所谓了。看到别人畅所欲言，他总是暗然离场。妈妈曾带他去治疗，可他总是找各种理由拒绝治疗。

学校里举办诗歌朗诵，妈妈鼓励他去参加，他觉得妈妈一定是疯了，一个有严重结巴的人怎么可能参加诗歌朗诵比赛。妈妈去学校恳请老师，希望给尼可一个锻炼的机会。老师被尼可的妈妈感动了，决定让他试试。

或许从未受过这样的重视，或许他也想摆脱这样的困境，他决定参加。结果似乎可以预见，尼可表现得一塌糊涂。不连贯的说辞，引得台下哄堂大笑，尼可转身跑出了比赛现场。尼可沮丧地回到家，他甚至不愿再到学校里去。妈妈说："拿出你的勇气来，你没有退路的，

妈妈不可能陪你一辈子。”

或许是被妈妈的话说动了，尼可决定再次接受治疗。因为不是先天性的，在接受物理治疗的同时，也接受了心理治疗。坚持、坚持、再坚持，尼可每天坚持练习。实在坚持不住的时候，他就对着镜子说：“坚持，我能行！”

一年、两年……从最初的害怕开口，到慢慢地可以连贯的一段话，再到后来可以顺利读完千字文章。现在他已经成为了一名出色的培训专家，谁能想到曾经结巴的人可以站在台上侃侃而谈？

命运是很难说得清楚的，当它选择你时，只能向前，无法后退，退意味着你就成了温顺的小绵羊，任人宰割。一个人正处在困难之中，如果放弃反抗，也只能加深痛苦。而如果你努力去改变，告诉自己：我能行！那么，困难也会变得微不足道。

认可自己

一个人的自信决定了他未来的路可以走多远，人人都渴望被认可，被人认可确实是一件值得高兴的事。可是，即便因为某些原因得不到别人的认可，也不应感到失落。我们是为自己而活，只要自己认可自己，对得起“昨天”的自己就可以了。

小彤是个自尊心很强的女孩子，好强的个性让她从不敢放松学习。可是，她的资质一般，不管怎么努力都与第一名无缘，这让她十分懊恼，甚至萌生了退学的念头。

在又一次愁眉苦脸回到家的时候，小彤的妈妈找她谈话了。小彤很爱自己的妈妈，她将心里话全说了出来。妈妈说：“你是一个很努力、很有志气的孩子，不是第一又有什么关系呢？第五名也不错呀。”小彤并没有因为妈妈的话心情好转，依然不开心地说：“第五名多丢人呀。”妈妈笑着说：“你有目标，这一点妈妈很欣慰，可是，第一名只有一名，而且那也并非衡量一个人优秀的唯一标准。你需要先认可自己，这才是最重要的。”

年纪还小的小彤当时还无法完全理解妈妈的话，只认为妈妈只是安慰自己罢了。

小彤爱好文学，一直有写日记的习惯。长大后便开始在网上写，后来她发现自己写的东西转载量很高，便觉得自己是写作的料。她开始动笔写稿，想要投到杂志社去。一篇接着一篇，小彤用心创作，将心中所想化作优美的文字。可是，面对一封接一封的退稿信，小彤的自尊心受到了打击。一年时间过去了，一篇文章都没有发表。心灰意懒的小彤想要结束这样的日子，她把以前写的稿子全删除了，每天打游戏，足不出户。

妈妈看到这样的小彤很伤心，妈妈打开小彤的门，关掉了她的电脑，扔掉了她的耳机。坐下来用极其认真的口吻说：“你真的打算以后就这样？不再写了？”小彤没有回答。妈妈继续说：“我知道你一直酷爱文学，搞创作也是你的梦想，我更知道你所付出的努力与辛苦。可是，谁的成功不遭受点挫折？你的文字较之以前已经有了很大的提高，难道你都没有注意吗？”

“可是，没有出版社愿意接受我写的东西……”小彤低着头小声地说。

“别人的认可固然重要，但首先你要认可自己啊。你的文字已经提高了一个水平，你已经赢了昨天的自己，难道你不觉得开心吗？”妈妈继续鼓励小彤。

认可自己？小彤在心里默念着。

那天，小彤想了很多，觉得的确没必要过于在意别人的认可，只要赢了昨天的自己就很好了。小彤重新打开了电脑，手指在键盘上舞动着，舞出最美妙的故事。她继续投稿，只是不再去在意结果。

多年积累下来，小彤的文字越发成熟，也有出版社主动联系了她，她将会在文学道路上越走越远，因为她找准了自己的方向。

患得患失的人生是失败的，只要能看到自己在进步，那便是值得开心的事。大多数的人都是平凡的，但平凡的人也可以做不平凡的事，千万不要让自己变得平庸。认可自己，日积月累下，当哪天回头看，你也会为自己的骄人成绩而惊讶的，甚至佩服自己的坚韧与努力。

找准靶心

他成绩不好，高中毕业后就外出打工了。出去之前，他拍着胸脯发过誓，一定要在省城闯出名堂来，要成为大老板，让辛苦了一辈子的父母过上好日子，让弟弟妹妹有书读，有新衣服穿……他的豪言壮语并未给他带来多大的动力。五年过去了，他依然生活在社会最底层。

在这五年里，他不停地换工作，短则一周，长则半年，浑浑噩噩的，似乎什么都没做好。已经记不清是第几次辞掉工作了，他走在凛冽的寒风中，紧了紧身上的衣服，似乎还是无法阻挡寒风的侵袭。

他认定自己是个一无是处的人，没学历、没技术。竞争如此激烈，找一份像样的工作比登天还难，再过段时间，说不定生存都成问题。无奈之下，他一咬牙，瞒着女朋友捡起了垃圾。每天他一大早出去捡废品，卖完了回家。他想，先填饱肚子再说，找工作的事再缓一缓。

一天，他正准备去捡一个空矿泉水瓶，弯下腰眼前出现了一双脚，抬头一看，是自己的女朋友。他直起身，傻傻一笑。女朋友却当众给了他一巴掌，他的笑定格在那。女朋友说："我们分手，你去跟你的垃圾过一辈子吧。"他拉着女朋友想要解释，可说不出一句话。女朋友看着他身上肮脏的衣服，讽刺地说："你还挺适合捡垃圾的。"说完甩手走了。

看着女朋友的背影，他心里五味杂陈，想要挽回的心也渐渐冷了。晚上，他买了一瓶酒，几个小菜，一个人独自坐在休闲椅上，看着月光，喝着酒，喝得酩酊大醉，直接倒在椅子上睡着了。第二天，晨练的人将其叫醒，他捂着脸深吸一口气，起身走了。

他没有去捡废品，他伸手向老乡借钱，又向家里的亲戚借了些钱，他用这些钱开了一个废品收购站。他想：既然前女友说自己适合捡垃圾，那就开个废品收购站，做个垃圾王。

他努力经营着自己的废品收购站，几年下来，他成立了规模很大的废品回收公司。买了房买了车，娶了一个漂亮贤惠的妻子。

找准人生的方向对于一个人来说非常重要，否则就会如无头苍蝇一般，乱冲乱撞，就算撞得头破血流还是找不到出口。找准靶心，就如指路明灯，引领你走向成功。如果连靶心都没找准，那如何击中目标？

十六
车到山前，一定会有路

人要向前看

田琳在很小的时候就展现了画画的天赋，简笔画、水墨画，每一幅都惟妙惟肖，这与父母为她创造的学画环境分不开。家里的各个角落都摆满了田琳的作品，她还有一间专门的画室。平时没事，这些画笔就是她最好的伙伴。

田琳一直梦想着可以当个画家。她的画也在大大小小的比赛中多次获奖，这些都是对她画技的肯定。毕业后，她在一家培训机构当了美术老师。对于专业知识过硬的田琳来说，这只是小菜一碟。在她的班上，有一个小男孩，很安静，画画非常好。简单的画已经无法满足他的求知欲，田琳每次布置的作业，小男孩完成得都非常出色。

市里要举办画展，在各个学校、培训机构征集画稿，选择最具代表性的几幅展出。田琳也画了一幅投稿和班上的几位同学一起。画展开始了，可是，田琳并未看到自己的作品，她以为自己还没找到，可是，走了几圈，确认没有自己的画。回头，她看到了自己学生的画，很吃惊，但也心服口服，学生的想象力是无穷的，画的意境非常巧妙。

田琳有些失落，问自己是否无法再画画了，连学生都超越自己了，让她多少有些丢面子。本想辞职，可是，另一位老师对她说："田琳，你要向前看，我也有过和你一样的困扰，无法忍受曾经辉煌的自己输给学生。可是，回头想想完全没必要。学生这么出色，你应该高兴才对，毕竟有你的功劳在里面。”听完这位老师的话，田琳心情好多了。田琳决定，平时在提高自己画技的同时，也要努力提高自己的教学水平，这样才能让学生更加信服自己。

的确，人应该向前看，曾经的辉煌已经过去，一直纠结于过去只会让自己无法前进，对自己也是一种羁绊。俗话说得好，一山还比一山高。只有不断学习，一直努力，才不会被淘汰。学生比老师画得好并不是什么稀罕的事，对于老师而言，还有更重要的事，就是让学生吸收更多的知识。

命运会给你意外惊喜

莫尼克·范德沃斯特原本是一个健康快乐的小女孩，可是，命运给她开了一个玩笑，在她 13 岁那年，她做了一个手术，神经受到损伤，右膝受伤，左腿从臀部以下瘫痪。对于一个热爱体育运动的女孩来说，这是致命的打击。轮椅上的生活不是谁都愿意接受的，至此莫尼克变得颓丧、痛苦，不管家人如何开导，她依旧活在绝望中。

亲友来家做客改变了她的生活。亲友给了她一杯小麦种子，想和她来一场种小麦比赛。比赛前，她发现有些种子残损了，于是挑出来扔在地上。亲友却弯腰捡了起来。她将完整的小麦种在了自己的田里。而亲友当着她的面将那些残损的种子种在了另一边。她很疑惑，那些残损的种子怎么可能会发芽呢？亲友笑着说，我们等着奇迹的发生吧。

她每天都关注着小麦的生长，直到有一天看到了嫩绿的麦苗冲破土壤。她转头看向亲友的麦田，让她非常吃惊，那些残损的小麦种子发芽了。麦苗一天一天地长大，绿油油一片，亲友的亦如此。她看着亲友的麦田发呆，亲友走过来说：“精心培育下，小麦种子的残损并不影响它的生长。只要不放弃希望，你也可以的。”

莫尼克明白了亲友的话，她开始改变自己的生活态度，积极参加康复训练，还参加了残疾人自行车训练。两年过去了，她不仅参加了残疾人自行车比赛，还是冠军得主。从此一发不可收拾，各大残疾人自行车赛场上总能看到她的身影，而且总能站到最高领奖台。

正当她以为她的坚强战胜了厄运时，命运又给她开了个玩笑。车祸来得那么突然，她的下半身完全瘫痪了。这次她没有像上次那样颓丧，而是用坚强努力支撑着，她做康复训练，继续参加比赛，两年后，她又出现在了残疾人自行车大赛现场。

命运似乎特别喜欢跟这个女孩开玩笑，她又一次被汽车撞了，导致脊椎受伤严重，而她只能转向两枚手把式自行车比赛，即便如此，她也没有向命运低头，两年后她成了两枚手把式自行车世界大赛的冠军。

她开始备战残奥会，可是一名选手的自行车将她撞倒了，当她准备好与厄运做斗争时，命运给了她一个意外惊喜。在接受治疗的过程中，早已习惯了没有知觉的腿部竟然有了痛感，而且可以小幅度活动，经过一段时间的康复治疗，她竟然摆脱了陪伴她十几年的轮椅。如今，她可以像正常人一样走路、跑步，而且开始了健全自行车运动员生涯。

莫尼克的人生充满了挑战，可是她没有放弃，她接受命运给予她的挑战，寻找一切机会使自己的人生变得充实而有意义。

苦难没什么大不了

我们听过无数故事，主角都是苦情人，讲的也是，他们经历了很多苦难，很可怜，身为故事之外的我们也感到他们很可怜。其实，很多时候，人们将“苦”看成了“苦难”。很多在我们眼里的苦难，其实当事人并不觉得是苦难。

父母因车祸过世，她和弟弟随年迈的奶奶一起生活。奶奶是个勤劳的人，操持着家务，还算硬朗的身体会种些菜拿到集市上卖，以此来贴补家用。村里有个织布坊，奶奶的手艺很好，为了能挣点她和弟弟的学费，奶奶每晚都会和村里的妇女一样去织布。她就和弟弟在一旁玩乐。夜深了，她和弟弟趴在奶奶腿边睡着了。做完活儿，奶奶轻轻摇醒她和弟弟，一手牵一个有说有笑地回家。

看着天上圆圆的月亮，闪闪繁星，她说：“奶奶，我长大了一定好好孝顺你，给你买好多好多枣泥糕吃。”弟弟也说：“我也是，我也是，我要给奶奶买个大房子。”奶奶听着姐弟俩的话，幸福地笑了。

就这样，奶奶微薄的收入供她读到了高中。奶奶的头发已经灰白，她想：等奶奶的头发全部变白时，我就能挣钱给奶奶买枣泥糕了。可是，奶奶终是没有等到。高二那年奶奶去世了。很多人都说奶奶的一生经历了太多苦难，还没开始享福就离世了。可是，她觉得奶奶应该是幸福的。每每放学回家，都能听得奶奶爽朗的笑声；织布时与村里人有一句没一句地闲聊，开心地讲过去那些事儿；为了改善伙食，雨后会到小山头采蘑菇，望着篮子里的蘑菇，笑得合不拢嘴……

奶奶的生活很苦、很难，但她不会将“苦难”与奶奶联系在一起。谁的人生都会经历那么一段灰暗，可没人愿意承认自己正在经历苦难。最多只会说：“这日子太苦了。”可是，苦算什么？哭一哭就过去了；难算什么？熬一熬就好了。都没什么大不了的，纵观那些功成名就的人，难道他们不苦吗？不难吗？刘德华、周星驰还都是从跑龙套开始的，也有过三餐不继的日子，他们不苦吗？苏东坡官职被免，也曾遭牢狱之灾，他不苦吗？可是，他们依然苦中作乐，咬牙忍受的同时，享受着那一点点快乐时光。

困苦、悲哀或许是个漫长的过程，生活或许会苦一点、难一点，但没什么大不了的，咬牙坚持就行了，生活总会还你别人体会不到的快乐。

再往前迈一步

站在60多米高的蹦极台上，她的脸上写满了恐惧，身旁的朋友一直在给她打气，可是，眼泪还是不争气地流了出来。她的腿已经开始不受控制地发抖，颤巍巍后退了一小步，深吸一口气，向前迈了一大步。张开双臂，眼泪从闭着的眼睛里流出，还未干透，身体前倾，跳了下去。

事后，一个不敢跳的朋友问她：“你是怎么战胜恐惧的？我吓得不行，怎么安慰自己都不敢跳。”此时，她已经征服了恐惧，其实心里还是有些后怕的。她说：“很小的时候，我奶奶就告诉我，当遇到困难时，闭上眼睛也要往前迈一步。”

就是这样的信念一直支撑着她。上学时，她是班干部，锻炼出了她良好的组织能力。现如今，她参加工作，她秉持着“再往前迈一步”的信念，展现了非凡的才华，上司交给她的任务总能出色完成。即便遇到困难，也会想办法解决，哪怕牺牲掉休息时间，也会做到尽善尽美。来公司不到两年就升职了，这在一家大型公司是很少见的。

她在工作中的出色表现，为她赢来了一次又一次的赞誉，同事们对她说：“你是怎么做到的？太牛了，老板生怕你跳槽走人了。”她笑着说：“这并不是什么难事，在面对困难的时候，我会一直对自己说‘事情还没进展，是因为还有某些方面没做好，只要再往前迈一步，说不定就成功了’。”她又接着说：“其实，我也会害怕，但只要坚定信念，往往就是那一步就有可能成功了。”

的确，往往就是那一步，可是，很多人就是输在了那一步。再往前迈一步，就可以带你走出困境，有一种“车到山前必有路，柳暗花明又一村”的成功。当你遇到困境了，不妨告诉自己：再往前迈一步。

不放弃最后一丝希望

很多人走着走着就觉得走进了死胡同，感觉前面无路可走，却又不甘心回头，此时，不妨告诉自己：不要放弃最后一丝希望。坚持一下，哪怕一分钟，事情或许就有转机，可是，如果放弃，就前功尽弃了，那就真的没一点希望了。

唐微微是一名珠宝设计师，长相靓丽，衣品不凡。可是，她从未将这些当作成功的资本。从小喜欢画画，长大后对设计感兴趣，尤其喜欢珠宝带给人的震撼感。一颗完全没有形的玉石通过设计师之手赋

予它灵魂，让其成就一段美丽的故事，是微微设计的初衷。

有一家大型珠宝公司想要打造一款限量版珠宝，除了公司内部有设计稿外，还向外征集作品。微微所在的公司有合作意向，于是将合作事宜交由微微负责。

微微与这家公司的艺术总监取得联系，约在明天中午面谈。第二天，微微带着新同事一起去拜访这家公司，可是，半路目睹了一场意外，伤者腿部不停流血，情况紧急，她便掉转车头将伤者送去了医院。等到一切处理好，已经过了赴约时间。极度懊恼的微微打电话想要与那位艺术总监解释清楚，却被告知总监外出了。

微微决定明天再打电话解释，第二天，微微联系上了那位总监：“您好，王总监，昨天真的非常抱歉，因为在路上出了点状况，所以耽误了时间，您看什么时候方便我们再约一下？”微微知道，一家大型公司的艺术总监对于时间是很在意的，自己理亏在先，说话自然要委婉一些。

“唐小姐，说实话，我并没有多余的时间再给你，我的行程都是安排好，昨天能排出一个小时的时间已经是很困难了。”王总监语气有些不愉快地说。

对于这样的情况，微微也大致猜到了，但她只能背水一战，不管怎么样都要争取到这次机会，她接着说：“王总监，我知道您时间宝贵，也非常抱歉耽误您的时间，可是，还是希望王总监可以给我一个机会，肯定不会让王总监失望的。”

微微的名气和能力在业界是有目共睹的，也曾有人出高价挖她过去，但都被她拒绝了。这家公司原本就对微微抱很大的希望，此时听微微这样说，王总监的语气也缓和了一些：“这样吧，我再确认一下行程，到时候再让助理跟你联系。”

一听到这话，微微就知道有希望，心情愉悦地说：“好的，谢谢，静候王总监佳音。”

挂掉电话，微微的那位新同事走过来有些幽怨地说：“我看我们是没希望了，肯定要挨老板骂了。”

微微说：“事情还没定，我们就还有希望，而且，哪怕只有一丝希望，我也不会放弃。”

到了下午，微微接到了那位助理的电话，让她明天早上去公司面谈。

成功者之所以成功，就是因为他们在面对极其渺茫的希望时，依然可以坚持到底。面对最后一丝希望，他们会抓住不放，直到赢来奇迹。执着的人总是被机遇所偏爱，这样的人即便深处暗夜，也会内心充满信心往前走。他们知道，漫漫长夜后必定是艳阳高照。

没有不可逾越的谷底

对于爱情而言，不怕“爱错”，就怕“没爱过”，那么对于人生呢？对于人生，不怕“走错”，就怕不敢走。很多人害怕失败，害怕掉到无可触摸的谷底，于是，做着自认为最稳妥的决定，就是在平地徘徊。

生活远没有你想得那么难，人生更没有不可逾越的谷底，只要努力，只要坚持下去，终会走出谷底。

小蕙是一名服装设计师，因为才刚刚毕业，并未得到公司的重视，她的工作就是给资深设计师打下手。名义上是学习，实际上就是打杂。对此，小蕙并没有怨言，她也觉得自己应该历练一下。

小蕙是个极有天赋且努力的女孩儿，在公司里认真做好工作，回到家就会“随便”画画，将脑子里的想法画出来，她不止一次期待模特可以穿上自己设计的衣服。小蕙不知道这种打杂的日子还要多久，但她会等。

终于，公司要做一个秀，总公司的领导也会出席。每个设计师都以“夏天”为名设计五套衣服。小蕙欣喜若狂，她觉得自己的机会来了。小蕙将所有精力都投入了此次设计，黄天不负有心人，小蕙所设计的衣服是整场秀的亮点，连总公司的领导都赞不绝口。小蕙也因此成了公司名副其实的设计师。

幸福来得太快，小蕙如同走上了云端，为了感谢公司的栽培，她更加卖力地工作。

两年一度的设计师大赛即将举行，小蕙并不会放过可以锻炼自己的机会，她报名参赛了。可是，意外发生了。进入决赛的小蕙被勒令退赛了。原来，小蕙所交上去的决赛参赛作品与同公司另一位资身设计师的作品相似度达到百分之九十。也许社会就是如此，人们更愿意相信一个在行业里有所建树的前辈，却完全不会相信一个职场菜鸟。即便小蕙极力解释，希望组办方可以彻查，但无济于是，小蕙退赛了。带着一颗受伤的心，她觉得自己的人生跌入了谷底，谁会再去相信一个“抄袭”的设计师，未来迎接她的将是无尽的嘲讽与鄙夷。

小蕙拉着闺密买醉，闺密劝她：“你这些事跟那些商业大佬们的经历差远了，谁还没有个失败的时候。马云高考都参加了三次呢，你以为他的阿里巴巴一开始就赚钱啊，他也是在失败中走出来的。不就是被人偷了设计吗，又没把脑子偷走，再设计几个更好的不就行了？”

小蕙说：“你说得容易，出了这样的事，都不知道还有没有公司肯要我。”

闺密说：“你们公司把你给辞了？”

小蕙半清醒地说：“没有，但我估计也待不下去了。”

闺密说：“那可不一定，明天去公司好好跟老板解释一下，放心，一定没事的。”

小蕙不愿多说，趴在桌子上，两眼无神地盯着前方。她想：会没事吗？

第二天，小蕙来到公司，同事们看到她，本来讨论得热火朝天却都迅速低下了头。老板将小蕙叫到办公室，小蕙尽自己最大的努力去说服老板，将那份设计稿的设计初衷与理念一一讲与老板听。或许是被小蕙条理清晰的头脑说服了，老板并没有开除小蕙，而是让她用实力说话。

顶着压力，小蕙留了下来，即便知道会被同事们背后议论，可是她要证明自己。对于同事的议论，小蕙充耳不闻，安静地做着自己的事。新一季，小蕙设计的服装成了公司的主打，人们渐渐淡忘了之前的事，小蕙用实力证明了自己，走出了人生谷底。

人人喜爱阳光，可是，却没有注意到，风雨过后的阳光最美丽。雨水冲刷后的世界，干净透亮，在阳光的照射下，愈发迷人。就如人生一样，不经历风雨，永远也体会不到成功的快乐。逆境中，告诉自己：没有不可逾越的谷底，顽强拼搏，定可走出谷底。

十七
努力，只为不服输的自己

努力，让自己没破绽

对于一个人来讲，破绽越少，赢得概率就越大。上学时，老师总是让总结错题，其实就是这个道理，当你的失误减少时，就能获得高分。而这离不开你的努力，这需要日复一日地坚持，才能将破绽一点一点减少。

他是一名围棋教练，他培训出来的选手都十分出色。他与别的教练不同，别的教练都是教学员如何进攻，怎么运用谋略去赢得比赛。可是，他却只是让学员天天对弈，结束后，就问他们比赛细节，并让他们记住对弈时的每一步，推敲自己每一步的落子，从中找出失误。这是他每天布置给学员们的作业。学员找的失误越多受到的表扬也就越多，找到的失误少，就会迎来严厉的批评。

久而久之，很多学员对此提出了质疑，他们觉得自己是来学习下棋谋略的，这样的学习方式却过于单调，而且似乎对提高棋艺没什么大的帮助。学员甚至认为，他虽然是个围棋高手，但适合当选手，不适合做教练。有些学员因为无法接受这样的方式而选择了转去其他教练那里学习。对此，他并未多做挽留，在这里学习围棋的人越来越少，但未对他带来影响，还是一如既往让学员们自查失误。

同行的朋友对此也非常不理解，怎么这么教棋？谋略、技巧都不教，比赛时怎么赢？这样是培养不出出色的棋手的。朋友纷纷劝他，这样下去，棋社就会关门大吉了，可他还是不为所动。

在学员之间对弈时，一些简单的问题他会适时提醒，对于较大的失误，都会让他们自己发现。一开始，学员们都能找到很多失误，一局下来，有些学员很泄气，觉得自己不适合下围棋。可是，时间长了，学员们的失误越来越少，有时一局下来竟然零失误。此时，学员们就提出要求：“我们的失误率已经越来越低了，您是不是可以叫我们下棋的谋略了？不然我们如何战胜对手？”

他笑笑说道：“其实下棋没有谋略，甚至没有太大的技巧，对于一个对弈高手来说，能够很快发现自己的破绽就是最大的技巧，避免失误便是最大的谋略。”学员们似懂非懂，还是一如既往自查失误。

后来，他的学员们参加了一场高水平的围棋比赛，很多围棋高手都成了他们的手下败将，这出乎所有人的意料。那些围棋高手也摇头叹息，说：“这些选手很厉害，他们没有运用谋略和技巧，我试图寻找他们的破绽和失误，但失败了，我毫无发现。”

学员们也是欣喜若狂，此时他们才知道教练的用心良苦，赛后，他们拿着奖牌向他报喜，他说：“要赢，谋略和技巧都是次要的，赢得自己才最重要。当你没有失误，没有破绽时，任何人都对你无可奈何。”

看过武侠片的人都会发现，高手过招抓的就是对方的破绽，一个小小的失误都是致命的。很多时候，自身的失误是对手打败自己最好的机会。失败的原因并不是自己弱小，而是自己的失误出卖了自己。

你配得上你的梦想

她出生在一个偏远的小山村，交通闭塞，信息也比较落后。在我们人手一部手机的时候，她们村里却只有一部电话。

上初中的时候，老师以“我的理想”为题布置了一篇作文。有同学写的是宇航员；有同学写的是老师，有同学写的是医生……而她写的是翻译官。在这样一个小山村，别说外教，就连老师的英语水平都不高，翻译官对于很多人来讲都还陌生，而且根本没有条件去学习。所以，翻译官的理想听着比宇航员更不靠谱。

在这个对英语并不重视的地方，一个从未走出过县城的小姑娘竟然想成为翻译官，这简直就是个笑话。她成了同学们嘲笑的对象，说她异想天开，老师对此并没放在心上。她不知该如何辩解，自那以后，她没有再说过相关的话题。看似已经被人们所遗忘，但一直存在。

她开始利用任何可以利用的机会去学习英语，她的英语成绩也一直名列前茅。高考时她的英语取得了全县第一的好成绩。她被北京一所著名大学录取了。

本以为进入大学就可以轻松些了，可是，事与愿违。她的英语口语和听力实在太差了，这让她的成绩一落千丈。她甚至觉得自己是不是选错了专业，这样的成绩如何配得起这么美好的理想？她躲起来大哭了一场。她想，总会好起来的。于是，便开始拼命学习英语，有时睡着了嘴里还嘟囔着英语单词。大学一年，她竟整整瘦了五公斤。可是，再难，她也没放弃，她告诉自己，如果一个人连自己的梦想都怀疑，谁会帮自己呢？这支撑着她一步一步朝着目标前行。

大二了，对于学校的环境也熟悉了，这里的学习氛围给了她开口说英语的勇气，她开始练习自己的口语，不到两年时间，她的口语已经非常熟练了。大三时，她得到了一个去美国当交换生的机会，这是非常难得且幸运的。她太想去了，可是高额的费用让她望而却步，不敢向本就清贫的家里要钱。机会不等人，她听同学的意见，选择了助学贷款。

一年后，她回国了。一年的学习，她的英语口语突飞猛进，毕业后，她考取了外交部公务员，曾经被嘲笑的对象，如今得偿所愿成了一名翻译官。

为梦想而努力，即便看起来有些异想天开的梦想，即便别人说你痴人说梦，也要坚持、努力地去完成，不为别的，只为不服输的自己。告诉自己：我配得上自己的梦想。

努力成就梦想

人生就像赛跑，要一步一步地前进，坚持自己的理想，向着目标努力。如果你只是制定了目标，却停滞不前不去努力，你永远不会实现自己的理想。努力不放弃是个动力，推动着我们前进，在我们的心中形成一盏明灯。

刘一麟是一名演员，身材魁梧，表情严肃起来真的不用演，看着就像“恶人”。这使得他自己都调侃自己像位“恶人”。他有演员梦，也从未放弃，只是想在未来遇见更好的自己。

从小他就对功夫片情有独钟，还幻想着自己就是打抱不平的侠客。李小龙、成龙、洪金宝等都是他极为崇拜的，总是梦想着有一天也能像他们一样成为优秀的动作演员。

刘一麟出身贫寒，小时候身体也不好，常常受同龄人的欺负。梦想与现实的差距没有让他服输，他暗下决心，努力去实现这个遥不可及的梦想。所以，他踏上了学艺的道路。

要成为功夫片演员，强健的体魄是少不了的，于是，他开始接触健身。从最初推不动一根卧推杆的窘境到最后获得“健美先生”的称号，为此，他付出了10年，这之中付出的努力与艰辛只有自己知道。

机缘巧合下，他结识了中国人民解放军画家夏老师，夏老师觉得

他很适合做演员，但必须要先去进修班学习一下。刘一麟接受了这个建议，抱着极大的信心去学习，在之后的学习中他结识了好莱坞动作演员衣世熊，并拜他为师，而衣世熊与李连杰、甄子丹等师出同门。刘一麟离自己的梦想更近了，现如今，他已经参演了多部知名影视作品。

同时，刘一麟也是一个谦卑的人，对自己获得的成就他从未自满，也没有因此放下追求的脚步，他说："我的愿望就是踏踏实实地努力，好好向各位前辈学习，拍出更多对得起观众的电影。"

努力，是在为自己努力。拼搏，只为遇见更好的自己。在人生道路上，会遇到这样那样的挫折和失败，不能遇到了就退缩，就放弃。

理想，是每个人心中的光亮。努力，就是向着光亮的方向前进。最终在自己坚持不懈的努力下，实现梦想。

越努力，越幸运

逸然从小学习舞蹈，是个非常努力的女孩，她的梦想就是成为一名专业的芭蕾舞演员，站在耀眼的舞台上，舞动最美的芭蕾舞。

一次次的选拔，逸然成了省芭蕾舞团的一员，她离梦想更近了。一次全国最大的舞团要招舞者，在比赛中，逸然表现很投入，每个舞蹈动作都很到位。可是，最后却被一名济济无名的人顶替了名额，她没有入选。这对于逸然的打击非常大。逸然当时才 16 岁，她突然想要放弃学习舞蹈。她觉得这个世界对于她来讲，过于复杂了，不知该如何面对。她躲在房间里，一天没有吃饭，妈妈走进房间寻问情况。

"妈妈，我不想跳舞了。我渴望更大的舞台，跳给更多的人看，可是，现在没有机会了。”逸然情绪低落地说。

妈妈说：“怎么会，即便台下只有一位观众，你也要完成你的舞蹈，而妈妈永远是你的观众。”

“这个世界太不公平了，我那么努力地学习舞蹈，可是，比赛却不按照舞蹈水平选拔，我努力还有什么用？妈妈，我想放弃了。”逸然的眼泪掉了出来。

妈妈说：“这个世界本就没有绝对的公平，但不能说明就不存在美好。是金子总会发光的，可是，如果你现在放弃了，那么就永远也没有发光的机会了，而且，之前的努力也全白费了。孩子，你知道舞台上你有多美吗？这是任何事物都无法抹杀的。”

听着妈妈的话，逸然情绪虽有缓和，但还是有些不开心。几天之后，慢慢调整过来的逸然重新进入了舞蹈训练。她觉得自己是热爱跳舞的，如果只是因为这件事就放弃跳舞，太对不起自己多年来的努力了。在这之后，她跳得比以前更投入了，心态也变得平和多了。

或许老天看到了她的努力，在一次芭蕾舞表演中，逸然出色的表现引起了国外一家著名舞团的注意，邀请她加入他们。这是很多学芭蕾的舞者梦寐以求的大舞台，逸然觉得自己太幸运了。

这个世界上没有绝对的公平，如果较真儿，那就会活得很累。很多因为无法承受，而选择最直接的方式，那便是放弃，因为可以不用面对，不用勇敢，可这也助长了内心的懦弱。当再遇到类似的事情时，依然没勇气面对，那还如何成长？选择面对，继续努力，你的人生就会得到蜕变。不要羡慕此时别人的幸运，那是曾经的努力换来的，这是个只看结果的世界，如果不努力，永远成不了幸运儿。当你努力奋斗时，幸运之神其实已经选定你了。

逼迫自己强大起来

“我真的受不了了，办公室的那些人总是在背后诋毁我。”张欣走进家门将包扔在沙发上开始抱怨。

“是吗？”正在看报纸的爸爸头也不抬地回道。

“当然，就连自称是我朋友的赵婷也是当面一套背后一套，真是太讨厌了。”

……

“爸爸，你到底有没有听我说啊？”没有得到回应的张欣有些着急。

“有，你说。”

“我真的很不服气，今天老总说要内部提拔一个部门主管，论资历、论业绩，我觉得都是他们中最好的，可是，听说，老总已经内定赵婷了，气死我了。”

看着张欣郁闷地拿玩偶撒气，爸爸终于开口了。

“小欣，你知道一只虫子的天敌有多少吗？”

“我又不是学生物的，不过应该有很多吧。”张欣见爸爸不但不安慰她，反而扯开话题，有些不开心，但还是回答了。

“真聪明，有近千种天敌。它们每天都生活得小心翼翼，一个不注意就会丧命。但你知道兔子的天敌有多少吗？”爸爸接着问。

“不知道。”张欣不耐烦地说。

“有 37 种。”

“老虎呢？你知道吗？”爸爸继续问。

“爸爸，我对这些没兴趣。”张欣说完就想起身。

“老虎几乎没有天敌，没有哪种动物会愚蠢地去招惹老虎。我知道你对这些不感兴趣，我只是想告诉你，你的强弱决定了你的天敌。当你越弱小，你的天敌就越多，随之而来的伤害、打击也就越多。这并不是说你不够好，或是哪里做错了，而是你过于弱小。现在你就好比是那些虫子，有近千种天敌，而且可轻而易举伤害到你。你不服气也没办法，这些伤害无法摆脱，除非你让自己成为‘老虎’，当你努力让自己变得强大，那么，也就无人可以伤害到你了。”爸爸说完意味深长地看着张欣，然后起身回屋了。

张欣坐在沙发上，品味着爸爸的话，忽然心胸开阔。给了自己一个微笑。

从此以后，她不再抱怨，更加勤奋地工作，两年后，连升两级，成了区域经理。

生活中，有人的地方就会有是非，当你不够强大时，那些流言蜚语很容易就会伤害到你。逼迫自己强大起来，如老虎一般勇猛，为自己拼出一片天。

努力从不会白费

一个人无论多么努力，在大多数眼里是无足轻重的，而且大多数的人也看不到，也没有义务去看。我们都会习惯性去关注别人的辉煌，却对别人的努力视而不见。所以说，你的努力也只有自己能看到，为了更好的自己，我们要更加努力，你的努力从不会白费，别人终将会看到你的成功。

萍萍幼师毕业后，在当地一家幼儿园找到了一份幼教的工作。萍萍是个大大咧咧的女孩，很喜欢小朋友，这也是她从事幼教工作的原因。

萍萍带着极大的热情来到了幼儿园，可是，慢慢地，她发现，情况并不是自己想象的那样。每个小孩子都是独一无二的，所以在教育过程中，也要运用不同的方法。可是，萍萍发现，一些老师有点混日子的感觉。有人私下里对萍萍说："不要过于认真了，有时候睁一只眼闭一只眼就过去。"萍萍听后很吃惊，如何做到睁一只眼闭一只眼？难道是对小朋友不管不问，只要不受伤就可以了吗？

家长将孩子交给老师，除了让孩子体现集体生活，最重要的还是培养孩子良好的行为习惯。小孩子如果在幼儿时期没有养成良好的习惯，那么以后会更麻烦。萍萍发现，班上老师并没意识到这一点。为了让孩子不乱跑，老师通常只是将橡皮泥发给小朋友，让小朋友自己玩，然后老师在一旁玩手机。玩益智类玩具时，一来没有教小朋友们怎么玩，二来玩完后也没教小朋友们如何收玩具。班上的秩序也很混乱，小朋友乱坐，到处乱跑的行为很常见。在操场上做操时也是如此，让人很头疼。

萍萍觉得不能这样下去了，她要努力改变这样的现状。小朋友们玩橡皮泥时，她会融入其中，做一些简单的图形让小朋友学习。她给每个小朋友都编上号，让每个小朋友记住自己的前面是谁，后面是谁。经过反复练习，不厌其烦地教小朋友，终于每个人都记住了自己的位置，再出操时，小朋友都很有秩序排队走。另一个老师过来说："这么费劲园长又看不到，何必把自己搞得那么累。"萍萍却不这样认为，她做这些又不是做给园长看的，她觉得做任何事情都要对得起自己，这样人生才有意义。

学校每个学期结束都要写工作总结，萍萍洋洋洒洒写了两页 A4 纸，同事笑话她傻，说："写那么多谁看呀，别人都是从网上复制粘贴直接打印出来的。"对此萍萍并没有说什么，只是将辛辛苦苦写的工作总结交了上去。

学校会有阶段性考核，很多老师都是抱着得过且过的心理，考核对于他们来说就是一种形式罢了，得不得第一无所谓。当然，萍萍也并非冲着冠军去的，她只是做好自己该做的事。领导会去每个班上听课，然后从各方面进行打分。萍萍所在班级得到了领导的表扬。

很多时候，你所付出的努力不是为了让别人看，而是为了使你更加优秀。当一个人总是盯着别人，有人看了才去努力，没人看时就跷着腿哼着歌，那是永远也无法成功的。

你的人生是自己的，不是做给别人看的，只要你觉得问心无愧，觉得这样做以后不会后悔，那尽管去做。你努力的汗水终将注入成功的道路，化作养分，培养出最美丽的胜利之花。

知耻而后勇

人的一生不可能不犯错，可是，有多少人有勇气承认自己错了，知道羞耻了，然后去努力改变现状，有勇气去面对自己的错误。或许很多人会承认自己的错误，可是，想办法去改变的却很少。

吴为考上了一所大学，无拘无束的大学生活让他觉得越来越无聊，他开始上网玩游戏、蒙头大睡，甚至会宿醉。两年下来，吴为的游戏级别越来越高，可是，除此之外，一无所获。这次又有两门挂科了，大学之前，吴为的成绩一直很不错，可是，如今……他的爸爸怒

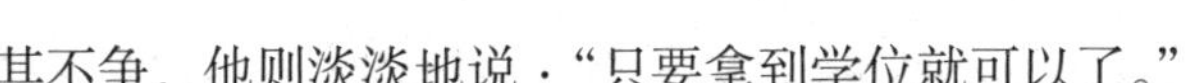

其不争，他则淡淡地说：“只要拿到学位就可以了。”

吴为完全沉浸在了游戏中，对周围所发生的一切都不感兴趣。他的爸爸终于忍不住冲他发了火。吴为犟脾气上来了，大声地说：“我就算不上学也能混出个人样来。”然后收拾行李，摔门而出。身上只有1000多块钱的吴为一狠心来到了北京，这是很多年轻人梦开始的地方。

刚天到北京激动心情被渗水的地下室所覆盖，几近崩溃。如所有怀揣梦想的年轻人一样，吴为开始投放简历，一天只吃两顿饭。可是，连本科学历都没有，也没有一技之长，连西餐厅端盘子人家都不要。

无助和绝望包围着吴为，他想：偌大的北京城，难道还容不下自己？

一个月没吃饱饭，一周没洗澡，满身疲累，挫败感油然而生，这样黑暗的日子让吴为越发崩溃。最终，他买了回家的车票。

回到家的吴为如同变了一个人，他没有选择复读，而是选择了韩语培训班，想要出国读大学。之前的经历历历在目，吴为不再沉迷于游戏。一年的时间，他苦学韩语，如愿取得了韩国某所大学的录取通知书。

吴为踏上了去韩国的路。在国外的日子并没有想象中的那么简单，每天除了上课，就是打零工，何况是两份工，往往要深夜才能回家。回到家已经累得完全不想动了，倒头就睡。虽然韩语水平在不断提高，但毕竟存在文化差异，在与当地同学进行交流时，有些跟不上节奏，时常受到冷嘲……一切的一切都显得那么悲凉。

可是，在一次与国内同学的聊天中，他还是信誓旦旦地说：“即便是死，也不回去，绝不能再给家里人丢脸。”他依然记得北京的种种，虽然这里的生活并不比北京好多少，可是，至少他能看到未来。

一年、两年……六年没有回家，吴为终于有所作为，西装革履地坐在了韩国某大型公司的办公室，时常在韩国总部与中国分部之间穿梭。时至今日，他依旧感谢北京的那段时间，一个月的颠沛流离，让他有了人生的方向，更确切一点说，正是因为那段经历，如同当头棒喝一下子将他打清醒了。

人只有在看到差距后才会产生恐慌，才会更有韧劲地去努力。当你看到差距时，不知不觉就会进入一种备战状态，正因为这种不满足感推动着你不得不前行。你就会试图去扭转这一局面，以期待可以改变命运，达到自己满意的高度。

十八
努力到了，看似不可能完成的任务也能完成

发扬小草精神

课堂上，老师问了一个问题：世界上谁的力气最大？同学们踊跃举手，有说是大象，有说是熊。听了同学们的回答，老师笑着摇摇头说："你们说的都不是，世界上力气最大的是植物的种子。"听了老师的话，同学们很好奇，种子哪有什么力气？

老师给同学们讲了一个故事：生物学家与解剖学者做了一个实验，他们想将密合度极其坚固的人类头盖骨完整分出来，可是，想尽了办法还是一无所获。后来有人突发奇想将一些植物种子放入要解剖的头盖骨里，调整好温度和湿度。一段时间后，种子发芽了，也显示出了一种可怕的力量。一切机械力都无法分开的骨骼，发芽的种子竟然做到了。

听完老师的话，同学们若有所思。老师接着说，埋在土壤里的种子力量是惊人的，笋的成长就是例子，还有小草。不是有一首诗吗？野火烧不尽，春风吹又生，描写的就是小草顽强的生命力。小草用它顽强的意志不断向上顶，它们渴望阳光，无论上面有多么重的石块，亦或者石块之间的缝隙有多么狭小，即便弯弯曲曲的，它也要百折不挠地冲出地面。它们以一种不可抵抗的力量战胜了石块，石块被掀翻，它们挺直了腰。种子的力量就是如此之大。

没有人能想象得到小草的力量有如此之大，这是一种生命力。存在即有价值，即便大石压身也不足以抵挡破土的决心。相比于土壤里的小草，瓦砾下的小草更值得钦佩，顽强的种子不会悲愤，阻力越大越磨炼意志。

想对于人来说，更应该发扬小草精神，努力克服一切困难，任务再艰巨也能凭着一股拼劲儿去完成不可能完成的事。

一切皆有可能

人到中年，很多人感慨自己错过了奋斗的最佳时机，看着别人的成功只能唉声叹气。他们想改变，却又觉力不从心，在他们的意识里，年纪太大了，失败经历得也多了，斗志早已磨灭。摇头叹息“太迟了”。真的太迟了吗？他们只不过是不愿为未来付出行动罢了。

克利夫·扬在他57岁的时候想要改变自己的命运，曾经的他劳作于田间地头，以种土豆为生。酷爱跑步的他决定以此来改变自己的命运。

从此，克利夫·扬跑步的身影总是出现在澳大利亚的乡村公路上，即便下雨天也不例外。年龄、装备、训练环境，这些都不是阻止他前行的理由。这些年里，他无视那些嘲笑他的人，还有驱离他，不让他在公路上跑步的人。他坚持着自己的梦想，坚信可以改变自己的命运。

坚持了四年，风雨无阻，克利夫·扬迎来了人生的转折。61岁，他参加了悉尼至墨尔本的马拉松比赛并赢得了冠军。这样的消息震惊了世界。很多人都觉得不可思议，这样的距离对于年轻人来讲都是一个大壮举。可是，61岁的克利夫·扬却击败了诸多竞争者，这真的让人难以置信，他是如何做到的？

跑步专家做过研究，对于一个运动员来讲，无论体力多好，在艰苦跑完 100 英里后，保证一定的睡眠是非常必要的。第一天，克利夫·扬落后于其他竞争者很长一段距离。他凌晨一点就起床接着跑。这些竞争者习惯于每天凌晨五点开始跑。最终克利夫·扬超越他们，赢得了比赛。

这是一个不同寻常的比赛，在比赛之初，克利夫·扬被认为是没有比赛经验、年龄过大，毫无竞争力，可是，他却创造了奇迹。之后在他 62 岁及 65 岁时，他又参加了跨国比赛，他打破特别定式，大胆运用自己的方式，继续凌晨一点起床跑步。

克利夫·扬没有对自己产生怀疑，当全世界人都认为不可能时，他改变了人们的看法，改写了自己的命运。不要觉得成功离你很远，更不要认为现在努力太迟了。只要你渴望成功，任何年龄，你都有可能取得成功。

简单的事情重复做

小赵从小就觉得自己不是上学的料，老师也很头疼，高中毕业后，因家里负担也重，他便主动提出不去上学了。小赵来到了省城，因为没有学历、没有技术，找工作很难。最后，还是在朋友的介始下，他找到了一份送快餐的工作。

小赵虽然学习不好，但是个吃苦耐劳的人。快餐店生意非常好，有时一天会送 600 份快餐，非常辛苦。快餐店来来去去招过一些人，但都干得不长，有的一个月，有的三个月或是半年，他们都受不了那微薄的工资。小赵坚持了下来，这一坚持就是五年，这附近的商户，稍微远一些的商贩都对小赵非常熟悉。五年的时间，让一个小孩子变成了小青年。

终于有人忍不住问他："你一个月挣多少钱？"小赵不好意思地说："500。"很多人都表示不信，一个堂堂小伙子，干点啥也不止500元，干吗非得干又累工资又不高的快餐店伙计，而且一干就是五年。

半年后，小赵辞职了，他开了一家家政公司。有些人出于好意劝他："家政公司竞争激烈，你一个外来户拿什么跟人家竞争，还是趁早想其他生意吧。"可是，没想到，小赵的家政公司却生意极好。很多人都不理解，这完全是不可能的，一个送外卖的小伙子，对开公司一窍不通，怎么能单枪匹马把公司经营得那么好？原来，小赵在送外卖的五年间，并没有闲着，也不单纯的只是送外卖，这期间，他结识了成百上千位做生意的老板，而这一群体是最需要家政服务的。小赵在送外卖期间给他们留下了好印象，于是生意就这样做了起来。如今，已经开成了连锁公司。有人问小赵的成功秘诀，小赵还有些腼腆地说："也没啥秘诀，城里有人坚持送五年外卖吗？"

答案如此简单，却很少有人去做。生活中，每个人都想着发财，可是，成功不仅取决于你努力了没有，当你缺少了天赋时，就去重复做好一件事吧，这也是一种成功。梦想再大，也是需要一件件小事做起的，简单的事都做不好，还怎么完成大事？将简单的事情重复做，或许你就能成为专家了。

永远不要觉得自己老了

“唉，都一大把年纪了，努力也没用了。”“这辈子是没希望了，就这么过着吧。”……生活中，常常会听到这样的话，难道他们真的老了吗？他们也不过四十来岁，正值精力充沛时，为什么会认定了一辈子就这样了？原因 很简单，他们经历过失败，灰心了，丧气了，便开始过着一种得过且过的生活。

努力并没有所谓的黄金年代，只要肯下功夫，肯上进，不管什么时候开始都不会觉得晚。

奶奶八十岁大寿，儿孙齐聚，祝寿词此起彼伏，坐在正位的奶奶笑得合不拢嘴。牙齿掉光，头发花白，身体还算硬朗。可是，我知道奶奶心中存有一大憾事。

十年前，奶奶七十岁时，依然耳聪目明。奶奶没有上过一天学，所以也不识字，她特别崇拜那些可以读书看报的人。或许正是这个原因，奶奶特别重视孩子的教育，再苦再难，奶奶也让爸爸、姑姑上了学，这在当时是很了不起的。对于我和小妹的学业也非常关心，考试成绩好总能得到奶奶的奖励。

那天，我突然对奶奶说：“奶奶，要不我教你认字吧？”奶奶说：“别跟奶奶开玩笑了，都这把年纪了还怎么学认字？”我说：“哪怕一天认一个字也行，十年下来都差不多可以读书看报了。”奶奶说：“我都七十岁了，大半个身子都入土了，还是算了吧。”

我的执拗劲儿也上来了，顺手拿起桌上的报纸教奶奶念：“今天，人民，大会……”奶奶拗不过我，看过来，跟着我念了起来，眼睛亮亮地指着报纸说：“这个‘人’我认识。”在此后的几天里，我一回家就教奶奶认些简单的字。年龄大了，反应不过来，两天了只学了“人民”两个字。一周后，她噘着嘴说：“太难了，我不学了。”没办法，我也没继续坚持。

十年，转眼就过去了。奶奶八十岁了，依旧神智清醒，可依旧只认得“人民”两个字。下班回家，时常能看到奶奶拿着报纸，看似很认真地在看，走进一看，报纸是颠倒的。当看到有“人”或“民”时，她会高兴地念出来，仿佛是一件很值得开心、自豪的事。

一天，奶奶坐在院子里发呆，我走过去，奶奶拉着我的手说：“那时候真应该跟你学认字儿，七十岁，那时候多年轻啊，学的话说不定现在就能读报纸了。”

听着奶奶的话，我有些吃惊。奶奶用到“年轻”来形容自己的七十岁。

在很多人看来，七十岁已经走向衰老了，可是，相对于八十岁的老人来讲，七十岁还年轻。就如我们，正处于三十岁上下，每天还有人喊着“老了，老了”。可是，对于奶奶来说，三十岁又算什么呢？那正是生命力旺盛的时候。

在我们的生活中，很多人感叹时光的无情，遗憾容颜易逝，让时光在一声声哀叹中度过，却未想过自己正处于年轻时。今天的每一分每一秒都比明天年轻，其实，只要自己愿意，不管何时都是年轻的。

对于八十岁的奶奶来讲，七十岁时的轻易放弃让她觉得后悔、痛苦。我们正当盛年，每天在哀叹中度过，那么，迟暮之年，我们该是怎样的悔恨？永远不要觉得自己老了，利用一切可以利用的时间，去学习、去拼搏，你的人生才会丰富多彩，到了晚年才不会因为碌碌无为而悔恨。

你的潜能超乎想象

你对你的内在潜能产生过怀疑吗？在很小的时候，我们都曾幻想过自己是超人，总是做一些大无畏的事，可是，越长大，那颗心却越小。遇到事情习惯性转身，还没开始努力，就已经在心里告诉自己这不可能完成。那么，永远也无法取得成功。

林雅在一家杂志社工作，爱好写作，她写的文章总能带给人一种很舒服的感觉，对于这一点，经理非常欣赏。此时，经理交给她一项工作，因文笔好，经理让她负责新一期的时装板块，专门为时装写评论。

虽为女性，对于衣着也有一定研究，但仅限于知道今年流行什么样式。对于深一层的东西还是不太了解。针对这一点，经理给了一点建议，让她到商贸城做一下市场调研。林雅有些心慌，一来她性格较为内向，让她去做调研，根本不知道如何开口；二来担心做不好让经理失望。

怀着惴惴不安的心，林雅来到了本市最大的商贸城。站在过道里，她不知道如何去与这些卖家沟通，如何才能卸掉卖家的戒心？她抛不开脸面，当终于下定决心走入一家店时，被老板不友善的态度吓住了，灰溜溜走了出来。她觉得自己不可能完成这项任务了。

她实在没有勇气进入第二家，坐在休闲椅上，想着该如何向经理解释。想着想着，她觉得就这样放弃实在太没出息了，根本就没努力就把自己否定了，将来一定会后悔的。收拾好心情，她开始准备等会儿需要问的问题，并牢记于心。不断在心里给自己加油，深吸一口气，走入第二家、第三家……虽然还是有些商家不愿配合，甚至有些还露出鄙夷的眼光，但林雅并没有放在心上，继续走访下一家。就这样，连续两天，她慢慢收集着自己想要的答案。

回去后，她将资料进行了汇总，有了这些资料做辅助，在做杂志专题时就会得心应手，她觉得之前的辛苦都是值得的。

在没有做某件事之前，很多人都不相信自己可以做好，或是一遇到小阻碍就退缩，结果，事情没办好，心情也更加糟糕。

胆子都是练出来的，当你第一次对自己说“不可能”，那么，下次还是“不可能”，可是，当你克服心理障碍做到了，那么，下一次同样的境遇，对你来说就是一件再平常不过的小事了。所以，不要轻易对自己说“不可能”。很多时候，要学着相信自己，每个人的内心都住着一个强大的自己，只要适时将其放出来，便可发挥超人的想象。

为自己争取一下

很多人都奉行一句话：“命里有时终须有，命里无时莫强求。”他们觉得是自己的别人抢也抢不走，不是自己的，抢来了也会消失。真的如此吗？目标就在那里，你不过去，目标是不会主动过来找你的。既然如此，何不走过去。

敏英从小的梦想就是成为一名摄影师，考上了名牌大学，距离梦想更近一步了，可是她知道，如果要成为一名出色的摄影师，最好的机会还是去出国学习。

可是，对于工薪阶层的家庭来讲，出国不太容易。大笔的学费加上国外的各种开销，是她根本无法承担的。唯一的可行的办法就是争取公费留学的资格。可是，这并非一件易事。

僧多粥少，而且，敏英自己也知道，自己并非是最出色的，那么多优秀的人盯着这个名额，自己拿什么去竞争？敏英开始犹豫了，一面是即将触摸到的梦想，一面是不可抗拒的现实。敏英几乎要放弃了。她最好的朋友过来劝她："你看大家都在积极争取这个名额，你为什么要退缩呢？还没努力呢就打退堂鼓，是永远也得不到的，你的摄影师梦想也只能在梦里想想了。"

敏英是个性格温吞的女孩子，不善与人争，也最怕这样的场面。可是，听完朋友的劝，她觉得应该去争取一下，不然以后想起来一定会后悔的，而且会成为一辈子的遗憾。

经过一夜的思考，敏英郑重地将自己的名字报了上去，她决定拼一次。她开始与系里的老师联系，并着手联系国外的学校，对于专业知识更是一刻都不敢放松。几天的备战，她用自信、用无可挑剔的专业知识征服了老师们，她获得了宝贵的名额。

换作是以前，她绝对想不到自己会去主动争取什么。可是现在，她明白了，人生就是要为自己争取一下，被动等待不如积极争取，获得的机会会更多。

很多时候，当我们爬过一座山，发现山的另一边并没有什么，或许还会觉得原来的地方更好。可是，并不会后悔曾经爬过这座山。比如说，有人因做错了某件事而付出了代价，比如因为某个决定，多走了几条弯路。可是，如果回过头来再问如果时光倒流还会不会做出那样的决定，他的答案肯定是"会"。

由经验得出来的结论，年老以后，很多人会对自己未做过的事感到后悔，却很少会对自己做过的事感到后悔。很多人都喜欢用"如果"这个词，可是，这个词是最不靠谱的，因为根本不存在"如果"。任你有通天的本领，也无法将已经发生的事倒回去重演。没有"如果"，只有眼前，把握眼前的机遇，积极去争取，结果就会大不同。

十九
成功就躲藏在最后一步

多等一天的命运

当一个人怀揣梦想，一步步去努力时，到头来发现一切不过过眼云烟，或因为自己的失误，或因为他人的恶意破坏，一再失败，对未来充满了绝望。梦想破灭，你是如何选择？是多等一天，还是草草结束自己的生命？

贺子坐在火车上，睡得昏天暗地，又过一站，抬头看见外面的风景，心想：目的地快到了。贺子露出了释然的笑。

贺子在两天前下了一个重大的决定，他决定选一处美丽的地方结束自己的生命。贺子大学毕业，与众多情侣的命运一样，女朋友离他而去。找了一份工作，却因同事打小报告而被炒了。想要自己创业，租了个小门面，却被骗了。半个月前，他去一家公司应聘，他将这次应聘当作最后的希望，如果应聘上了就好好工作，生活继续。如果失败了，就结束生命。

贺子并不在意职位，只是害怕再一次面对失败，那种痛苦让他刻骨铭心。被一次次失败折磨得心力交瘁，此时，再轻微的打击也会让他受不了。

两天前是那家公司录取的最后时限，可是，他并没有收到通知，贺子知道自己被淘汰了。贺子写了遗书，放在床头屉子里。明天妈妈就会过来，他不想妈妈那么早看到遗书。

准备好一切，毫不犹豫踏上了火车。他想：此刻妈妈应该已经到

家了。手机拿在手里，打开、关上、再打开……如此反复。不再期待什么，却又觉得应该在等什么。他烦躁地将手机放在兜里，望着窗外发呆。这些风景以后就再也看不到了，他这样想。正在出神之际，兜里的手机响了，拿出，是妈妈来电。眼睛泛酸，迟疑了一下，还是接通了。他想听听妈妈的声音。

电话接通，妈妈问他在哪儿。他没有回答，反问有事吗？妈妈语气平常地说："家里寄过来一份邮件，我打开看了，是一家公司的通知书。"他有些不敢相信，妈妈坚定地回复了他的质疑。他支支吾吾问妈妈有没有去过他的房间，有没有看到字条之类的东西？妈妈回答说，去过，没发现什么字条。妈妈又是很平常地问他怎么了？什么时候回来？他轻松地说，马上就回。

他想，妈妈不会骗他的，即便是骗了他，在发现之后，他还是可以选择这条路。贺子下了车，坐上了返程的列车。回到家，他真的看到了录取通知。他神采奕奕去公司报道，认真工作、升职、加薪、辞职、创业。一步一步，家庭美满、事业成功。

直到现在，贺子仍保存着那张遗书，一次在与妈妈的闲谈中，他才了解到，原来妈妈早已看过那张遗书了。妈妈打开了话匣子，原来妈妈看到那张遗书时，并没有收到通知书，给他打电话只是权宜之计，想着回来了再好好劝他。

贺子有些不能理解，因为那张通知书确实是真的。妈妈接着说，通知书是在打完电话后的第二天寄到的。听到这里，贺子不免有些后怕，如果妈妈没有说收到通知书骗他回家，或者回到家后没有看到通知书，那是不是他已经不在人世了。此时的贺子少了年少时的冲动与脆弱，多了几分成熟与稳重。

贺子的命运因为多等了几天而发生翻天覆地的变化，一纸通知书，让一切都变得不一样了。

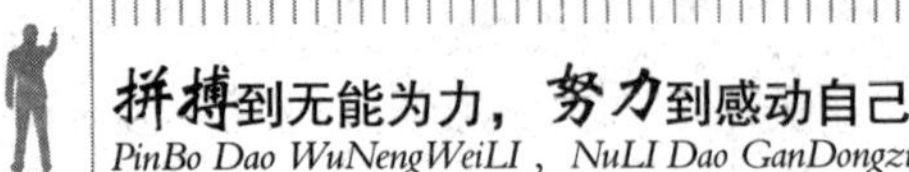

一个人面临绝境，处于崩溃边缘，想要舍弃一切的时候，不妨告诉自己多等几天，说不定可以峰回路转，哪怕只是一天，熬过去了，便是另一种命运。

成功不是偶然

时间对于每个人来讲都是公平的，一天 24 小时，工作 8 小时，休息 8 小时，那么，剩余的 8 小时做什么？很多人不把这 8 小时放在眼里，实则，这 8 小时决定着一个人的命运。这 8 小时就是我们说的业余时间，它可以造就一个人，同时也能毁了一个人。

苏谨，如她的名字一般，是个谨言慎行的女孩，她有一颗博爱的心。母亲因病去世，让她对医生这个职业产生了浓厚的兴趣。苏谨以优异的成绩考入了医学院临床医学专业。

苏谨知道医生是个神圣的职业，可以说，在某一时刻承载着一个家庭的希望，苏谨从不敢怠慢。每一节课她都认真记笔记，图书馆是她最常去的地方。很多人觉得学医很枯燥，看着那些专业术语都让人头疼，可苏谨却沉迷其中，尤其佩服那些攻克医学难题的专家教授。医生的职业决定了她各方面都要表现出色，才能保证手术台上不出现意外。

苏谨以优异的成绩考上了母校研究生，跟着导师也做了大量课题，虽然没有毕业，却也小有名气。后由导师推荐，苏谨进入了一家三甲医院做实习医生。

不愿辜负导师的信任，苏谨对待工作一直很认真。在一台手术上，苏谨是另一位医生的助理，那位医生无论是下刀、缝合都堪称完美。苏谨羡慕的同时，觉得自己该更下功夫才行。后来听说做木雕可以锻炼手法，她专门去学习木雕。每天下班，苏谨都会出现在木雕室。从一开始的完全不成形，慢慢地，有了形状。再到后来，手工刀就像长在她手上一样，只见她手起刀落，一点都不犹豫，成形的木雕连教她的师傅都赞不绝口。

虽然已经练就了超高的刀法，但苏谨并没有就此放下，而是一有空闲时间就静静做木雕。苏谨迎来了她的第一台手术，看着她沉着地下刀，手法娴熟地缝合，连一旁的资深医生都觉得这不像是第一次做手术的人。术后资深医生还打趣说，自己的第一台手术，紧张得直冒汗，多亏一旁的医生提醒才完成了手术。说完这些，更对苏谨佩服得不行。

如今，苏谨已经成为医院的活招牌，很多人慕名为她而来。

苏谨的成功绝非偶然，成功往往需要很多因素，很多人离成功都差那么一步。如果苏谨没有学木雕，或许对成为医生没有多大影响，但绝对不会如此受欢迎、受重视。

有这样一则故事：和尚和道士比邻而居，每天两人都会在同一时间去山下挑水，这一挑就是十年。突然有一天，道士没有下山挑水，第二天、第三天、一个月……道士始终没有出门。和尚开始担心道士，于是前去探望。当他走进去一看，道士正在打座，面色红润，看不出来一个月没喝水。和尚很奇怪地问道："你一个月没下山挑水，难道不用喝水吗？"道士没有说话，而是将和尚带到后院，指着一口井说："这十年来，我每天修行完就会来这里挖井，一天挖一点，坚持了十年，终于让我挖出水来了。所以，我就不用下山挑水了，这样我就有更多的时间修行了。"

将空闲时间利用起来，为你的成功增加砝码，学习一些知识总是有用的。一个人刻苦努力终会换来回报，只是需要你静静等候。

一锹土的距离

相信很多人都看过这样一幅漫画：一个人背着铁锹，大摇大摆往前走，前后留下几个深浅不一的坑，上面有一句话："这下面没水，换个地方再挖！"而画面上显示着，水就在离他挖的坑不远的地方。只要他再坚持一下，说不定就是一锹土的距离，就能挖到水了，可是，他选择了放弃。

小王大学毕业就参加了工作，在这家公司已经五年了，从最初的销售到现如今的销售主管，小王一直兢兢业业，也深得老板器重。

小张和小王同属一家公司，两人同龄，不过这已经是小张从事的第三家公司了。第一家公司他说老板太刻薄，总是挑他的刺；第二家公司他说工作一年了老板都没说升职的事，朋友一年都升了小主管了；第三家……每次辞职或被炒，小张总能找到理由。

其实，小张业务能力不差，思维活跃，老板挺愿意栽培他的，可是，还没等老板开口，他倒自动离职了。

一年一度的内部考核又到了，小张和小王都各自准备着。最后，小王击败对手，成了部门经理。小张则被同部门一个同事抢了位置，依然是个小职员。

郁闷的小张喝了酒，第二天一早就递了辞职信，经理很纳闷，怎么好好的就突然辞职了。小张没有过多解释，去财务结了工资就收拾东西走了。

一年后，小张与小王相遇了，两人坐在大排档喝酒。酒过三巡，小张对小王说：“离开公司我真的不甘心，我极力表现，业绩是同组最好的，可是经理就是看不到。”小王有些吃惊地说：“你难道不知道吗？当时你们部门经理本想提拔你的，可是，看你有些方面不够成熟，所以决定再考验你一下，将你作为下一年的重点培养对象，合格的话就直接去分公司任经理的。你当初离职我以为是有什么特殊原因呢。”

……

听完小王的话，小张悔不当初。

很多时候，成功只离我们一锹土的距离，走完了前面99步，最后一步才是最关键的。很多人都是在最后一步放弃的，只要敢于坚持，咬紧牙关，再挖一锹土，说不定水就出来了。奥运赛场上，都是世界顶级选手，夺走金牌的往往都是赢了最后一步，最后一

瞬间起到了决定性的作用。所以说，胜利者属于在最后一刻爆发出潜能的人。

学习，让你成为更好的人

学无止境，任何时候都不能放弃学习。俗话说："活到老，学到老。"从我们牙牙学语开始，到识字读文，每一步都是在学习，学习让我们成长，让我们更加优秀。

依依是一名广告策划员，参加工作已经五年了。依依并不是第一眼美女，而且平时不注重打扮，在公司里很不起眼。公司规模并不大，走了一批老员工，来了一批新员工，公司的员工更新非常快。依依能够待五年算是个奇迹。这五年里，依依坚守自己的岗位，在毫不起眼的位置上努力工作着。这五年来，没有升迁，没有加薪，甚至碰到老板心情不好时，还会挨顿骂，这些依依都习以为常了。

依依有朋友劝她再找份工作，不要再忍气吞声，甚到仗义到把找工作的事揽在自己身上。可是，依依并没有辞职的打算。她热爱这份工作，每一份文案策划她都尽心尽力，对于自己的实力，她是肯定的。

公司有一个出国进修的名额，很多人都想争取，可是，听说合同内容后，除了依依外，所有人都打了退堂鼓。合同中有项内容是，学成后，要与公司签定终身合同，除非被公司解雇，否则不允许以任何理由提出辞呈，违约者要付巨额违约金。

同事中有人说："未来的事谁也说不准，万一有更好的发展机会，却被一纸合约束缚，多划不来。"还有人说："这不等于是签卖身契吗？为了一个出国学习的机会，把自己卖了，不值。”可是，依依却不这样认为，她觉得这是个学习的好机会，既然决定在这一方面发展，在哪儿都能闯出一片天。

依依为期两年的学习开始了，她从不敢松懈，食宿公司全包，这让她无后顾之忧，她如饥似渴地吸收着新的知识。两年很快结束了，回国后，她的行李中，最多的就是自己做的笔记。

学成后的依依更加成熟、自信了，她坚信自己能够成功，的确，她做到了。作为回报公司给予的学习机会，依依投入了新一轮的工作，细致再细致，每一步她都精益求精，直到自己满意，老板满意，客户满意。

很多同行想挖依依过去，更开出了诱人的待遇，但依依从未心动。一年、两年……十年，依依一直坚守在自己的岗位上，学习、工作、学习……

成功离不开学习，而学习让我们更接近成功，学习的过程其实就是摸索的过程，无论是理论还是实践，从未知到熟悉，这需要一个过程。想要成为更好、更优秀的人，就要永无止境地学习。

再试一次的成功

有个生物学家曾做过这样一个实验：鳗鱼和金枪鱼放在同一个玻璃鱼缸里，中间用一个玻璃板隔开。第一天，鳗鱼非常兴奋，渴望可以吃到金枪鱼，不停进攻。可是，每一次都会发出“咣”的一声撞在玻璃板上。不但吃不到金枪鱼，自己还碰得晕头转向。第二天、第三天……不停尝试，鳗鱼的精力越来越小。此时，生物学家悄悄将隔板拿掉。惊奇的事发生了，鳗鱼对近在眼前的金枪鱼视若无睹。即使金枪鱼从它身边游过，尾巴扫到它，鳗鱼也无动于衷。多次碰壁后的鳗鱼再也没有进攻的欲望与信心了。

这是个很典型的实验，生活中，也有人像鳗鱼一样，奋斗之初激情四射，失败几次之后，就丧失了斗志，其实，只要再试一次，说不定就成功了。

有一个探险家被困山崖下，这里人迹罕至，只能自救。他的背包里除了少量的食物，就一根带着钩的绳索。探险家想：只能将绳索钩在石缝中，慢慢爬上去才行。他将绳子往上扔，没有钩住，他又试了一次，结果还是失败。他又接连试了几次，可还是没有成功。天色渐渐暗了下来，他心里想：再试一次，或许就成功了。结果还是失望了。他已经累得没力气再扔了，寒冷、饥饿全都向他袭来。从背包里拿出所剩不多的食物，吃完后，过度疲惫的他席地而睡。阳光照在脸上，新的一天开始了。探险家接着扔绳索，可情况如昨天一样，他坐在地上，看着高高的悬崖，叹了一口气。他想，放弃吧，就这样自生自灭吧。可是，内心有另一个声音发出来：再试一次，再试一次。似乎有了更大的力气，他站起来，开始新一轮的尝试，终于，又经历了无数次失败后，他成功了，顺利爬了上去，走出了死亡的命运。

坎坷人生路，重要的不是你有多努力，而是看谁能坚持到最后，多试几次没有成功，继续坚持的就是最后的赢家。不要因为几次碰壁就裹足不前，小小的打击就放弃可能实现的梦想是错误的。再试一次，成功就会与你相遇。

蜗牛的坚持

曾经看到过一句话：在这个世界上，可以到达金字塔顶端的只有两种动物：一种是鹰，另一种蜗牛。很多人对这句话不以为然，鹰翱翔于天际，在苍茫大地所向披靡。可是，带着笨重的壳，行动迟缓的蜗牛怎么可能站在金字塔顶端？

可是，思考过后，都会被这样的思想所折服，鹰的天赋异禀确实让人羡慕，但蜗牛的坚持和毅力更让人佩服，让人觉得震撼。

姚劲波出生于1976年，1999年毕业于中国海洋大学，获得计算机应用及化学双学位。人往高处走，他身边的同学因为高学历在手，便进入了“高不成低不就”的怪圈，挑来捡去也没把工作定下来。反观姚劲波，他找了一份待遇不高的工作，这在他那些同学眼里简直就是自降身价，这一举动让他遭到了不少嘲笑。可是，他却认为这一岗位可以让他的才能得到发挥。

几年之后，别人从一家公司跳到另一家公司，一直处于不稳定状态。而他已经在工作中有了出色的表现。所以说，他的坚持是对的，那些嘲笑他的人也低下了头。很多人都以为他会在这个岗位上一直做下去，毕竟已经熟悉了。可是，他却辞掉了让人羡慕的工作，用这几年存下的钱开办了公司。这一决定，让更多人的费解，很多人心想：这得需要多大的勇气才能放弃现有的一切从零开始？

包括他的父母在内，很多人都劝他放弃创业，可是，姚劲波并不为所动。创业之初，超乎想象得艰难，资金是主要问题。虽然在创业

前已经做了周密的计划，可是，事世无常，很多事情还是超出了他的预想。于是，他开始四处借钱。可是，世态炎凉，非旦没有借到钱，反而遭到了更多的白眼。

通过努力，姚劲波解决了资金问题，可是，紧随而来创业团队却出现了问题。对待遇的不满，加上觉得没有发展前途，一些有能力的人都另谋高就了。由原来的 20 多个人变成了六七个人，此时的姚劲波就要以一人之力做多人之事。

当走过这些艰难岁月时，姚劲波曾说，每每回忆起这段时光都会让他感到压抑，甚至想一睡不起。

姚劲波咬牙坚持着，最关键的时刻让他坚持了下去，公司慢慢上了正轨。在当时，同类型的公司挺多的，但都是小荷才露尖尖脚，而姚劲波却一直坚持着。在这个过程中，有不断的新项目涌入，很多人劝姚劲波转行，赚钱更快。但他还是坚持着，没想过要转行。后来证明，他是对的。

姚劲波的坚持让他的公司有了更高的知名度，曾经与他一同起步的一些同类型公司不是倒闭了就是抛售了，姚劲波一枝独秀。公司到了一定规模，但考虑扩张，公司有不少高层反对，觉得风险太大。可姚劲波又一次坚持了自己的想法，将公司越做越大。

他的公司名称就叫 58 同城。在一年多以前，58 同城收购了赶集网。

做任何事情都要坚持。生活中，有这样一群人，他们贪图安逸，无欲无求，死守在自己的岗位上。他们甚至说："我这也是坚持啊。"的确，这也是坚持，但这种坚持毫无意义可言。

将自己想象成一只蜗牛，像蜗牛一样去坚持，即便在向上爬的过程中摔了下来，也会义无反顾从头再来。即便很慢很慢，却仍旧坚持，直到爬到顶端。

二十

破釜沉舟，会让我们走上巅峰

破茧成蝶，方能振翅高飞

美丽世界中，我是一棵草。默默找寻自己摇摆的方向。

我也想芬芳，像花儿一样，不让心儿再流浪！

直到有一天，看见蝴蝶飞，终于明白总有一天要面对！

给自己力量，带着梦飞翔，就在此刻我要变模样！

破茧成蝶，美丽带来重生的力量。

不再彷徨，勇敢飞往梦想的天堂！

……

大多数的时候，人们只能看到蝴蝶的美丽，而忽略了它成为蝴蝶前所经历的痛苦。破茧而出，羽化成蝶，完成生命的洗礼。这个过程是痛苦的，生活中，我们也会常常陷入一种窒息感，而这种窒息感大都是自己造成的。当用力、用心去咬开自己结的茧，过程或许会痛苦，但会获得生命的重生。

有一个小男孩儿很喜欢小昆虫，常常去捉虫子。一天，他看到树上有一只茧，似乎在动。他想，一会儿肯定会有蛾子破茧而出。他非常好奇蛹变成蛾的过程，为了见证这一时刻，他目不转睛地盯着茧。

眼看时间一点一点地过去了，可是，茧只是扭来扭去，虽然奋力挣扎，可还是无法挣脱束缚。等得有些不耐烦了，他想，或许这只蛾子无法破茧而出了。他决定帮一下这只蛾子。小男孩儿跑回家拿了一把小剪刀，非常用心、耐心地将茧剪了一个小洞，以便于蛾子可以轻而易举地出来。

没一会儿，蛾子果然从茧里爬了出来，很轻松。小男孩非常兴奋，他觉得自己做了一件大好事。他观察着这只蛾子，身体臃肿，翅膀也非常萎缩，耷拉在两边，任凭蛾子怎么努力也伸展不起来。小男孩儿想要见证蛾子飞起来的那一刻，可是，等来的却是蛾子跌跌撞撞地爬行，怎么飞都飞不起来，没过一会儿，蛾子就死了。

小男孩非常伤心地跑回家，妈妈过来询问情况，小男孩将刚才发生的事告诉了妈妈。妈妈告诉他："蛹变成蛾，破茧是最重要的一步，虽然痛苦，但没有人可以帮忙。在破茧的过程中，身体中的体液因为挤压会流到翅膀上，这样它的翅膀就会充满力量，这种力量足以支撑它们振翅高飞。你用剪刀将茧剪开，它们就失去了这个机会，翅膀没有力量就飞不起来。"

听了妈妈的话，小男孩很后悔，低头自责。妈妈抚摸着他的头，温和地说："孩子，每一个生命，在成长的过程中都会经历很多痛苦，而这种痛苦会让生命更加坚强。投机取巧或者过分依赖他人都很难达到生命的高度。"

小男孩细心品味着妈妈的话，似懂非懂。可是，他在成长的过程中，从没有走捷径，当他遇到困境想要放弃时，就会想起那只蛾子。然后，重新站起来，勇敢面对。

破茧成蝶，获得重生，便可振翅高飞。这个过程是别人无法体会，更无从帮忙。梅花香自苦寒来，宝剑锋从磨砺出。通往成功的路上没有捷径，当你妄图用投机取巧来获得成功，其实，你已经失败了。

把握生命中的每一天，破茧而出的那一刻就是你重新认识自己的时刻，做一个挑战者，面对打击不退缩，振翅高飞，就能达到成功的彼岸。

不顾一切，拼一次

安逸的生活让很多人丧失了斗志，面对选择犹豫不决，进而失去了攀登高峰的机会，等到反应过来，为时晚矣。

人生需要机遇，机遇是给有准备的人的。人生没有多少机会可以不顾一切地去拼，年少时，输得起，可以不顾一切，即便失败了，还有机会从头再来。努力去实现心中的梦想，人到迟暮才不会后悔。

张译《士兵突击》后大火，片约不断，已经成功逆袭，从一个小配角演到了男主角。张译的成功不是一帆风顺的，《士兵出击》之前，张译跑了十年的龙套。

演艺界看似风光，背后付出的代价是很多人无法想象的。很多人终其一生，也没有成名。昙花一现的也大有人在。张译并非传统意义上的帅哥，小眼睛，皮肤黑黑的，带点痞气，可是，他用演技征服了大众。成名以来，所接演的角色都让人印象深刻。

张译曾服役于北京军区政治部战友话剧团，其间，他接演过一些小角色，写过剧本……当时，张译的表演天分并不被看好，部队团长还说；“他演戏就是个死啊。”

张译所在的团外聘的导演要拍一部戏，看中了张译，让他演男三号，本来团长建议导演再考虑，但导演坚持。同一时期，张译也接到了另一位导演的试镜电话，但因以团里工作优先，便推了。或许上天还要给张译出难题，团里的戏换了一位导演，张译的男三号也泡汤了。此时，张译对团长说，外面有人找他拍戏，团长根本不信。张译放下身段，厚着脸皮给导演打电话，刚好他那个角色还没定，于是，他有了表演的机会。看完成片时，张译的表演得到了导演的表扬。

张译真的是在否定中前行的，别人的否定让他越来越没有信心，进而形成了恶性循环。当获得鼓励时，他就会信心大增，2006 年是张译人生路上的一个转折。《士兵突击》选角，张译给导演写了请愿书，想要加入《士兵突击》剧组。当时，导演已经决定让他来演有情有义的史今了。

可是，张译又面临了一个问题。

团里虽然否定了张译的表演天分，但对他的创作给予了很大的肯定。此时，张译已经是团里重点保留对象，因为团里缺编剧。当时，团里给了张译选择，如果他一年之内可以完成三到四个小品剧本，那就批准他外出接演《士兵突击》。此时，还有不到一个月的时间，《士兵突击》就要开机了。张译认识到，在这期间完成这么多剧本是不可能。

难道真的要放弃表演事业吗？显然张译没有放弃。张译决定破釜沉舟，为自己拼一把，他打了《转业报告》。对此，团领导很惋惜，但张译不愿更改自己的决定。

交了报告后，他就踏上了拍摄《士兵突击》的道路。《士兵突击》里有一场张译所扮演的人物——史今的转业戏，感人的场面让人印象深刻，看哭了电视机前的无数观众。拍这场戏时，张译接到了战友的电话，说他的转业报告批了。所以，张译也算是真情演绎。这也是张译的戏份儿不多，但却让人记忆犹新的原因。

张译成功了，他的义无反顾有了回报。《士兵突击》出人意料的大火，那段时间，几乎人人都在谈《士兵突击》，所以，也记住了张译，一个执着、率真的大男孩。张译已经从没戏拍的演艺圈边缘人成了拍戏拍不停的霸屏者，一路走来，与他的努力、不顾一切是分不开的。

在面对选择时，很少有人会背水一战。很多人总是举棋不定，进而选择更有利于自己的一面，结果，虽然没有失败，但也没有成功，一生也注定碌碌无为。成功没有侥幸，不顾一切地为自己拼一次，才能走向人生巅峰。

告诉自己：只许成功，不许失败

很多人用“失败是成功之母”来鼓励失败的人，可是，生活中也有那么一些人，失败不起。不管是主观还是客观原因，他们的失败就意味着完全失去了发展机会，在某一领域失去了竞争的资格。就如四年一次的奥运会，虽然不以奖牌论英雄，但人们往往记住的只有冠军。小小的失误就有可能与奖牌无缘。所以，他们拼尽全力去争夺，因为机会只有一次。

所以，只有成功了，才有机会取得更大的成功。

他大学毕业后在一家公司找到了一份策划的工作。年轻气盛，没有漂亮的履历，只能在公司打打杂，公司也不会将案子单独交给他，更不会让他参与重要的案子。

一个职场新人，要想在短时间内证明自己的能力，闯出名堂，是很难的。有一次，他和一位前辈一起做一个策划案，前辈将大致的方案已经定了下来，他觉得与主题不太相符，于是，就擅作主张将策划给修改了。当第二天他将策划案给前辈看时，没想到却迎来了前辈的冷嘲热讽。他说：“我觉得……”没等他说完，前辈就打断他的话：“你觉得？等你有资本的时候再去你觉得吧，按我的要求重做。”他只得重新去修改。

他是个很有想法的人，并不甘心只做一个小小的策划员。一次公司接了一单生意，公司的前辈手头上都有工作，上司觉得这个策划案比较简单，于是就交给他全权负责。此时，他意识到，自己根本失败不起，如果这次失败了，那么就很难再出头了。于是，他告诉自己：只能成功，不许失败。

他极其认真地对待此次工作，认真与客户交流，不放过任何细节。晚上熬夜加班，一次次完成，又一次次否定。到最后，他将一个毫不起眼的策划案做得非常成功，不仅客户满意，业界也注意到了他。于是，有了第二个策划案，也大获成功。他的才华被认可，随之而来的是纷至沓来的机会，很多公司点名让他来策划，在业界他闯出了属于自己的一片天。

一个人要学会自助，当你无视困难时，困难也就不那么可怕了，而你也会变成别人羡慕的对象。很多人没有孤注一掷的勇气，的确，没有多少人愿意放弃所有去追求不确定的未来，这是需要极大勇气的。当你有了必胜的信心与勇气，那么就有了前进的动力，成功也指日可待。当你特别想完成一件事时，就告诉自己：只许成功，不许失败。

当然，很多事情并不会完全按照自己的意愿发展，有时候，付出了全部还是有可能与成功失之交臂。人生就是这样充满变数，所以，只有不断努力、不断拼搏，才能为自己赢得更多机会。

缺陷成就精彩人生

很多人一生都在追求完美，实际上正是因为自己的“残缺”，才会不断追求，永不停歇。从某种意义上来讲，缺陷会让有勇气的人唤起内心强大的力量，激发内心隐藏的能力。追求的同时，其实也是完善自己的过程。回头看自己走过的路，会发现原来自己这么优秀。

一般来讲，缺陷会让一个人更加无所顾忌、勇往直前，他们没什么输不起的，最终，改写自己的人生。

小默，就如她的名字一样，是个沉默的女孩子。

小默是个自卑的人，从小就不敢抬头走路，看着她的背影，就像一个受了伤的小鸟。小默的右边眉毛有一块很大的黑痣，同学们都叫她丑姑娘，整个少女时代都活在别人的嘲笑声中，这也是造成她自卑的主要原因。

小默生长在农村，是个留守儿童，父母带着弟弟在外打工，一整年见不到面是很正常的，平时她都与奶奶生活在一起。同龄的孩子放了学都聚在一起玩，只有她，要给年迈的奶奶做饭，还要喂养家里的两头猪。做完这些，她就安安静静写作业，再简单不过的课本被她当作宝贝一样，保护得很好。她想走出农村，看更大的世界，书本就是连接她与外面世界的桥梁，她格外珍惜上学的时间。

转眼间，小默初中毕业了，她还想继续读书。可是父母不同意，觉得一个女孩子读那么多书没用，而且高中的花费也高。没办法，小默黯然离开了学校。可是，当她去找工作时，人家不是嫌她小，就是觉得她丑。看着那些人嫌弃的眼神，小默很委屈，大哭了一场。

小默躺在床上，用红肿的眼睛盯着窗外，她觉得她一定要上学，只有学习能让她感到快乐，找回自信。小默用了很极端的方式来让父母同意她上学，她两天不吃不喝，可父母还是不同意。最后小默跪在父母面前，她哭着说，只让父母供她高中三年的学费，如果考上大学，就自己承担大学的费用。如果考不上，就乖乖去工作，并把高中三年所花的费用还给父母。

在小默的坚持下，她重新走入了学校。她发了疯地学习，她一定要考上大学，改变自己的命运。高中三年，她除了在食堂打工外，就利用一切可以利用的时间去学习。三年的付出让她终于考上了名牌大学。

小默申请了助学贷款，带着最简单的行李走入了向往已久的大学。她没有时间和精力去唱歌、游玩，找了几份兼职维持着自己的学业。就这样，从本科到研究生，再到博士，小默的脑子里一直绷着一根弦，不敢虚度一天。她觉得自己没有资格去享受，一定要更加努力，才能取得别人轻而易举就能获得的成功。

小默从不敢奢望爱情会降临到自己身上，她觉得那是漂亮的女孩子才享有的专利。她把自己保护起来，除了工作还是工作，现如今的小默已经脱胎换骨，只是她的美自己并没有发现。他被小默的执着、真诚、朴实所打动，在工作的接触中，已经深深喜欢上了这个敏感的姑娘。只是面对小默的孤冷，迟迟不敢表白。直到遇到一个契机，他小小的举动感动了小默，两人走到了一起。此时，小默才知道，自己也有获得幸福的权利，小小的缺陷反而成就了她的人生。

人生没有回头路，人到中年，谈论成功，针对这一话题，平庸的中年人会找各种理由为自己的平庸辩解，比如：在年少时没有像别人一样有出国留学的机会……这种遗憾让自己没有竞争力。

这只不过是人们为自己找的一个心安理得享受安逸的借口罢了，大多数的成功者都不是完美的，甚至还有身体残缺的人，他们的成功在于坚持、努力，他们敢于义无反顾，只为成全更精彩的人生。缺钱不能成为一个人抱怨生活的借口，反而应该更加努力，让缺陷成为你前进的动力，当你努力去弥补这一缺陷时，你就是在进步，在成长，终有一天可以踏上人生巅峰。

假如每一次都是第一次

很多人对第一次所做的事情都记忆犹新，可是，等到第二次、第三次再去做的时候，就会没有第一次做得好，甚至可以说是很糟糕。

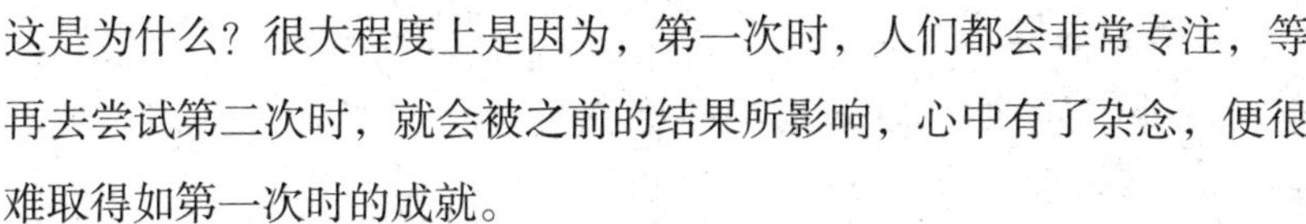

这是为什么？很大程度上是因为，第一次时，人们都会非常专注，等再去尝试第二次时，就会被之前的结果所影响，心中有了杂念，便很难取得如第一次时的成就。

某公司设计了一款游戏，一次打到最后一关便可获得公司生产的限量版游戏人物模型及纪念品。对于很多玩家来说，这是极具诱惑的。

很多人都报名参赛了，小曾也是其中一员。既然礼品这么丰盛，游戏一定不会简单。比赛开始了，只要一关未闯过就视为输了，没有重来的机会。随着游戏的深入，难度也越来越高，到第八关时，只剩下五名选手了。第九关时剩下两名，随着键盘声消失的是小曾的欢呼声，小曾赢得了比赛，获得了奖品，很多人羡慕不已，更多的是对小曾的佩服。

有人问小曾是如何做到的，因为游戏实在是太难了。小曾有些腼腆地说："只要用心去找规律，专注于游戏中的陷阱，并牢记于心就可以了。"

一个月后，游戏继续征集参赛者。当然，小曾被当作特邀嘉宾可以参赛。可是，不到一个小时，选手就淘汰了一半，两个小时后全军覆没，包括小曾在内。游戏设计者略显失望地说："游戏并未改动，怎么没闯过去？"

小曾垂头丧气地说："我也不明白这是怎么一回事。"设计者并没有继续问。

又一个月后，继续比赛。小曾不甘心继续参赛，可是，这次更惨，连第五关都没过，而另一位参赛者闯到了最后一关。

游戏设计者找到小曾问他："还有信心继续参赛吗？"

小曾没有回答。

设计者问他："后面两次的比赛与第一次的心情有什么不一样吗？"

小曾想了想说："第一次我就是非常专注于比赛，想着一定可以闯过去，并没有什么特别的技巧；第二次就是信心非常足；第三次基本就没什么信心了。"

听完小曾的话，游戏设计者已经知道问题出在哪儿了，他说："你第一次投入了百分之百的精力；第二次你心中有了杂念，怕输了丢面子；第三次你有了患得患失的心理，这更加糟糕。如果你能摒除这些杂念，再闯一次，或许会成功。"

小曾听了设计者的话决定再参加一次比赛。他心无杂念，一心专注于比赛，真的赢得了比赛。

为什么有人可以保持成功，而有人的成功只是昙花一现？生活中我们也常常听到这样的事，一些"艺术家"们无法超越自己的成名作，还有人调侃，一些歌手一首歌可以唱一辈子，其实说的就是他们成功只有一次。

当你永远像第一次一样去投入，毫无杂念，那么，成功的光环不会那么快凋谢，你的人生也就没有走不上的巅峰了。

从头再来又何妨

成功和失败就如红绿灯交替，远远地看是绿灯，可快到路口时却变成了红灯。有时看到的是红灯，到了跟前却成了绿灯。有的运气

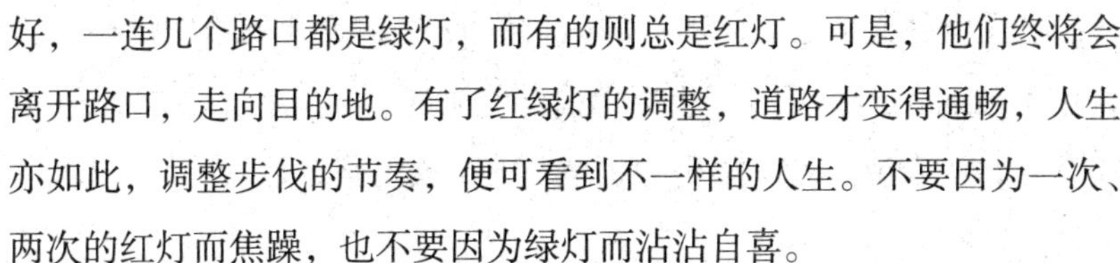

好，一连几个路口都是绿灯，而有的则总是红灯。可是，他们终将会离开路口，走向目的地。有了红绿灯的调整，道路才变得通畅，人生亦如此，调整步伐的节奏，便可看到不一样的人生。不要因为一次、两次的红灯而焦躁，也不要因为绿灯而沾沾自喜。

人的一生会经历很多事情，或成功，或失败，要记住，那都是一时的，即便一无所有，也要有从头再来的勇气和气势。

他从小和爸爸相依为命，家庭的原因使他比同龄人更沉稳、懂事。他以优异的成绩考上了名牌大学，大学里，一边努力学业，一边打工为爸爸减轻负担。

大学毕业后，他找到了理想的工作，表现突出，一再升迁。但他并不甘心一直这样下去，经过慎重考虑，他辞职了。

他与一个朋友合伙开了一家公司，刚开始并不顺利，他吃喝都在公司，一年三百六十五天有一半的时间都是在出差谈生意。有时，为了客户一个问题，他会亲自跑过去解释。凭着一股干劲儿，公司渐渐走上了轨道，人员增加了，他也不用经常出差了。

才不过短短两年时间，公司在业界就闯出了名堂。或许上天还要考验他，有公司要收购他的公司，他拒绝了。可是迎来了他们的恶意打击，连续几天开会，商讨对策，可对于一个刚刚起步的小公司来讲，拖得越久，对他们越不利。

晚上，约朋友喝酒，他的疲惫让朋友担心。他只是笑着说："没事，我没什么输不起的，本来就是从一无所有过来的，大不了从头再来。"朋友劝他同意收购，对方是大公司，树大好乘凉。可是，他有自己的坚持。

最终，公司还是被收购了，但他离开了，挥手告别一手建立起来的公司。他又成了一无所有的人，俗话说："瘦死的骆驼比马大。"再加上他的才智，筹备了半年的公司开业了，与之前的公司没一点联系，对他来说也是个陌生的领域，朋友劝过他，他说："我想放手一搏。"

因为对行业的不了解，一开始一直处于亏损状态，但他并不着急，从中总结经验。从不亏损到一点点盈利，到三年后的行业领军品牌，其中的艰辛只有他自己知道。

甘于平庸的人大都日复一日，今日重复昨日的生活，于是就成了"一而再，再而衰"。而追求成功的人则在重复中总结经验，当无法重复时，他们也勇于从头再来。

从头再来是需要勇气的，很多人就是因为输不起而郁郁寡欢，一次的失败就一蹶不振。项羽被逼到乌江时，曾有一位船夫劝项羽上船过江，但项羽拒绝了，江边自刎，一代霸主就这样彻底失败了。如果当时他听船夫的话过江，从头再来，或许当时的历史就会改写。

没有人可以预知未来，所以无法规避失败。祸兮，福之所倚，福兮，祸之所伏。当你正处于人生低谷时，其实，机遇就在身边。上天选中的成功者都是在历练中走过来的，中途放弃了，也就错过了成功。天将降大任于斯人也，必先苦其心志，劳其筋骨，饿其体肤，空乏其身……没有谁的成功是一帆风顺的，要想达到人生的巅峰，必须敢于放手一搏，即便失败，也要有从头再来的勇气。

当遇到了使你一无所有的失败，就坚持下去吧，你会发现，它会燃起你内心的希望，指引你走向成功。